你的生物钟是几点？

陈晔光 / 主编

徐璎 徐小冬 张二荃 / 著

李立早 石梦圆 / 绘

南京大学出版社

图书在版编目(CIP)数据

你的生物钟是几点？ / 陈晔光主编；徐璎，徐小冬，张二荃著；李立早，石梦圆绘. -- 南京：南京大学出版社，2022.3（2022.6重印）
（细胞生物惊奇事件簿）
ISBN 978-7-305-25089-7

Ⅰ. ①你… Ⅱ. ①陈… ②徐… ③徐… ④张… ⑤李… ⑥石… Ⅲ. ①人体－生物钟－少儿读物 Ⅳ.①Q811.213-49

中国版本图书馆CIP数据核字(2021)第218318号

出版发行	南京大学出版社
社　　址	南京市汉口路22号　　　邮　编　210093
出 版 人	金鑫荣
项 目 人	石　磊
策　　划	刘红颖　田　雁

丛 书 名	细胞生物惊奇事件簿
书　　名	你的生物钟是几点？
主　　编	陈晔光
著　　者	徐　璎　徐小冬　张二荃
绘　　者	李立早　石梦圆
责任编辑	洪　洋　　　责任校对　邓颖君
终审终校	杨天齐　　　装帧设计　城　南

印　　刷	中华商务联合印刷（广东）有限公司
开　　本	715mm×1000mm　1/16　印张 9.75　字数 150 千
版　　次	2022年3月第1版　2022年6月第2次印刷
	ISBN 978-7-305-25089-7
定　　价	34.00元

网　　址	http://www.njupco.com
官方微博	http://weibo.com/njupco
官方微信号	njupress
销售咨询热线	（025）83594756

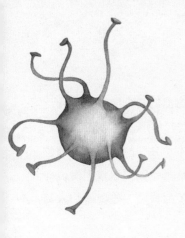

探索细胞的奥秘

陈晔光

中国细胞生物学学会理事长

地球上的生命五颜六色、丰富多彩，所有这些形形色色的生命现象和活动都是通过细胞体现出来的，因此，细胞是生命活动的最基本的结构和功能单元，也是我们理解生命现象的切入点。

中国细胞生物学学会是隶属于中国科协的全国一级学会，吸纳了从事细胞生物学及其相关学科的广大科技工作者，目前有近 2 万名会员。学会下设 9 个工作委员会和 18 个专业分会，覆盖了细胞生物学各个领域。学会一直致力于促进细胞生物学的发展，为国内外科学家提供学术交流平台，以多种形式组织各类学术活动，有力推动了细胞生物学领域的交流与合作。学会通过举办各类培训班，致力于提升我国细胞生物学的教学水平，并助力青年科技人才的成长。同时，学会与多个国际学术团体建立了良好的合作关系，促进了我国细胞生物学的国际交流与合作。在科普方面，学会不断努力、积极探索，通过搭建多种形式的科普交流平台，向公众普及细胞生物学的相关知识和最新科研成果，包括每年在全国范围内开展面向公众的实验室开放日活动、科普大师校院行以及一年一度的诺贝尔生理学或医学奖和诺贝尔化学奖解读讲座等一系列活动；此外，我们还建立了多个科普教育基地。

"细胞生物惊奇事件簿"系列科普图书是中国细胞生物学学会与南京大学出版社的合作项目，通过出版细胞生物学系列科普图书，向公众普及细胞生物学相关知识，特别是与人们的生活、身心健康息息相关的知识。第一批出版的书包括《你的生物钟是几点？》（徐璎教授等著）、《基因狂想曲》（许兴智教授等著）、《药物的体内奇幻漫游》（朱亮教授等著）等，这些图书的编著者都是相关领域的知名专家，他们用通俗易懂的语言介绍了什么是生物钟，生物钟对人和动植物生命活动的影响，基因的损伤与细胞功能变化、疾病发生的关系，药物如何进入细胞、在人体内如何起作用，等等。

出版"细胞生物惊奇事件簿"系列科普图书是本学会在科学普及方面的一种新尝试，我们希望通过出版更多的、覆盖不同专题的优秀科普图书，向公众普及细胞生物学相关知识，同时也殷切希望更多的科技工作者能加入科普队伍当中。

最后，我衷心希望，你们也能跟我一样，喜欢这些通俗易懂的科普图书！

2021 年 12 月 2 日

目录

1   第一章 看不见的生物钟

43   第二章 看花识时间——早期生物钟在

                     植物学领域的研究

67   第三章 果蝇的朝朝暮暮

77   第四章 墙上的钟和手上的表

93   第五章 一日三餐的时间学问

105   第六章 百灵鸟、猫头鹰与好的睡眠

125   第七章 输掉的球赛和昏昏欲睡的旅途

137   第八章 傻傻分不清楚

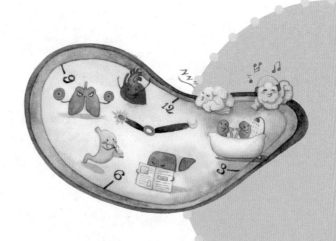

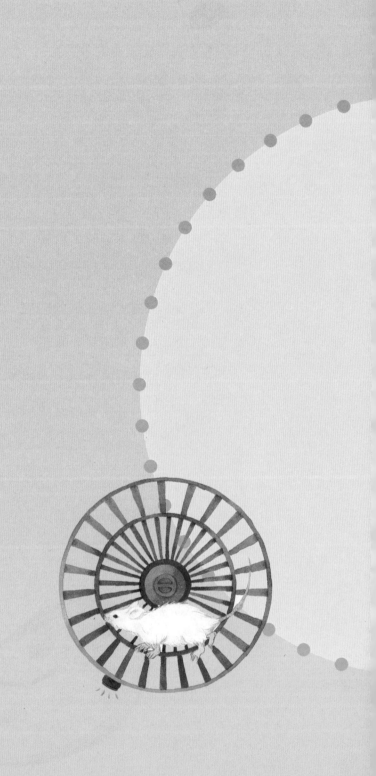

第一章　看不见的生物钟

谢启光

世界上最美丽的东西，看不见也摸不着，要靠心灵去感受。

——海伦·凯勒

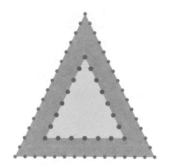

昼夜颠倒的飞行时差反应

当我坐在图书馆开始构思这篇文章的时候，正是下午三点，窗外阳光明媚，透过糖枫和橡树的叶子可以看到湛蓝的天空，十米开外的树荫，一只松鼠正在津津有味地啃着一只蘑菇，多么美好的午后时光！可是此时的我却哈欠连连，大脑似乎已经宕机，很难集中精力思考任何问题。作为一名研究生物钟的生物学家，我明白这是由于我刚刚经历了自西向东跨越十二个时区的飞行，即使已经过去三天时间，我的身体依然顽固地维持着我出发地的作息习惯——那里现在是凌晨三点，所以我会感觉非常地困倦。我知道这是时差在作祟，在逐渐适应当地作息时间之前，我需要继续对抗身体里那看不见的生物钟。

在这个小插曲里，有一个大家偶尔会听到的名词——生物钟。很多人或许和我一样，很早就听说过生物钟，但是并不真正理解它的科学概念和生物学意义。其实，生物钟是包括我们人类在内的诸多生物在漫长进化过程中获得的最"聪明"、最"重要"的生理机制之一，使生物能够更好地适应自然环境的周期性变化。需要强调的是，2017 年诺贝尔生理学或医学奖授予了生物钟研究领域的三位科学家。在这一章里我将和大家一起探索生物钟的奥秘。

> 生物钟通过遗传获得并"刻"在基因序列里，存在于构成生命的基石——细胞里，通过时空特异性的基因转录、蛋白表达，修饰、互作和降解等复杂的分子水平调控机制，最终使生物体能够"预测"时间，调控自身的生理生化活动的节律性，以适应机体内外环境的周期性变化。

"生物钟"一词借用人类日常生活中可见的计时工具这一形象化的概念来定义生物体内固有的一种无形的"时钟"。

从科学研究的角度来讲，生物钟属于时间生物学的范畴——简而言之，时间生物学是一门研究生物节律现象及其调控机制的科学，在微生物、动植物研究领域有重要理论意义，在医学、农业上有广泛的应用前景。

你看到生物钟了吗？

让我们暂时抛开枯燥的概念，共同走进大自然去发现那些无处不在的生物钟调控的周期节律现象。从清晨四点挂着露珠开放的牵牛花到午夜十二点如凌波仙子般惊鸿一现的昙花，从春暖花开时北飞的燕子到秋草枯黄后南翔的大雁，从太平洋海域踏上至死不渝的悲壮洄游旅程的大马哈鱼到非洲大草原勇往直前进行生死大迁徙的角马，从海滩寄居蟹在潮汐到来时忙碌觅食到松鼠在大雪覆盖后酣然冬眠……动植物在一天之内和四季轮回中都进行着与时间相协调的各类生命活动，如此循环往复，生生不息。这些自然界中神奇的节律现象均受到生物体内源的时间运行机制——生物钟的调节。当你了解了生物钟的相关知识，就会发现生物钟无处不在，你可以从旋转的金黄的向日葵花盘、迁徙的斑斓的帝王蝶、懂得"睡眠"的含羞草和罗望子树的羽状复叶上看到它；你会从清晨的公鸡啼鸣、孩子夜里睡梦中的呢喃、繁殖季节雄羚羊的角斗声中听到它；你也会从擦肩的落叶上感觉到它；从馥郁的花香中闻到它；在繁忙的一天中从清茶、咖啡或美

食中品尝到它。

　　生物钟对于人类的生存也同样重要。例如，从远古时期我们就懂得要遵循 "日出而作，日入而息" 的作息规律。接下来，先让我们关注如下一系列疑问：

> 为什么人类长个子依赖于良好的睡眠？
>
> 为什么一天中不同时段的学习效率和效果不一样？
>
> 为什么不合理的饮食习惯会让人长胖？
>
> 为什么大部分奥运比赛的纪录都在下午被打破？
>
> 为什么清晨会是心血管病人最易突发心脏病的危险时段？
>
> 为什么吃药要遵循一定的用药时间？

　　让我们带着上述问题开始生物钟探秘之旅，体会生物钟对于人类生长发育及维护身体健康的重要意义，相信你很快就会饶有兴趣地对上述疑问展开针对性的解析了。

生物钟从哪里来？

1959 年，美国医生弗朗兹·哈伯格博士（Franz Halberg，1919—2013）提

出用 circadian clock 一词来定义调控近 24 小时节律的生物钟。不仅高等动植物具有生物钟机制，低等动植物，包括果蝇和线虫，甚至低等的单细胞蓝藻，以及脉孢菌等真菌也都有各自的生物钟。这很容易让我们想到，在进化的层面，生物钟对于生命体也非常重要。

那么生物钟是从何起源的呢？提到起源和进化，大家和我一样，一定想到了达尔文，对了，生物钟也是自然选择的产物。我们和各种生命形式都生活在地球母亲的怀抱里，而地球围绕太阳进行周期一年的公转，地球同时还进行着周期约 24 小时的自转；此外，由于地轴倾斜，四季的变化产生了；月亮，作为地球的卫星，围绕地球进行着周期约 27.3 天的公转，这就是"昼涨称潮，夜涨称汐"的海水潮汐现象发生的主因。以上这些天文现象都是具有节律性的，对地球环境产

生了极为重要的周期性影响,因此地球上的光照、温度、潮汐、养分、重力、湿度、磁场等很多环境因素每时每刻都在发生着变化,用较长的时间观测就会发现它们具有周期性变化的特性,比如昼夜节律、月节律、潮汐节律和年节律等。

分门别类——多种节律现象

在生命亿万年的发展历程里，一些周期性的环境因素，诸如光照、温度等为生物钟带来选择压力，因此在自然选择的压力下，诸多种类的生命体为了适应地球上环境的周期性变化，演化和发展出了可以称得上生命基本特征之一的周期节律。目前，科学家通常根据外界周期性变化的成因以及节律周而复始的时间长短来对自然节律现象进行划分，主要包括：

一、近日节律，也就是近 24 小时节律，外因主要被认为是地球自转，它引起日照长度的变化（也被称作"光周期"），以及昼夜气温的变化（也被称为"温度周期"），近日节律是当前被认为的最重要的节律现象，相关科研成果也最多，分子和生理学水平层面的调控机制研究得也较为清楚。

二、近潮汐节律，外因是海洋的周期性涨落，很多海洋沿岸的生物因此表现出相应的节律现象。

三、近月节律，外因是月亮环绕地球运转，例如女性的平均 28 天左右的月经周期就是近月节律。

近日节律，外因主要是地球自转。

近潮汐节律，外因是海洋的周期性涨落。

近月节律，外因是月亮环绕地球运转。

近季节节律和近年节律，外因是地球围绕太阳公转。此外，还有报道指出，一些周期为近十年的节律现象可能和太阳活动周期有关。

四、近季节节律和近年节律，外因被认为是地球围绕太阳公转。此外，

> 如果真的存在火星人，那么他们的近日节律和近年节律与地球人一样吗？

还有报道指出，一些周期为近十年的节律现象可能和太阳活动周期有关。

大家是否注意到，这些节律前面大多加了一个"近"字？这是因为生物节律是内源性的，时间上近似于环境因素的节律。不理解也不要着急，让我们继续生物钟探秘之旅。

透过现象看本质

我们日常说的生物钟指的是近日节律。近代对生物钟研究是从 20 世纪中期开始的，其中有三位科学家的贡献尤为突出，他们被称为时间生物学奠基人，他们是德国生物学家欧文·本林[①]、尤金·沃尔特·路德维格·阿绍夫[②]和英裔美国生物学家科林·皮登觉[③]。科学家们总结出生物钟调控的周期节律的几个特点：

一、普遍存在。诸多生物体都有生物节律现象，从低等的原核生物蓝藻，单细胞真核生物如海洋真核微藻，广泛分布于小型水体中的

①欧文·本林，Erwin Bünning，1906—1990，德国植物遗传学家，侧重研究植物叶片节律运动和开花机制等植物生物钟相关行为。
②尤金·沃尔特·路德维格·阿绍夫，Jürgen Walther Ludwig Aschoff，1913—1998，德国生理学家，最早展开人体的生物节律研究，还深入探讨了包括小鼠、鸟类、恒河猴多个物种在内的生物节律行为。
③科林·皮登觉，Colin Pittendrigh，1919—1996，被尊称为"生物钟之父"，主要研究果蝇昼夜节律行为，对生物钟调控的环境驯化信号进行深入研究，提出了时间生物学相关理论。

单细胞衣藻，到真菌如脉孢菌，还有高等的植物、动物乃至我们人类都具有各种各样的生物节律现象。

二、生物节律由机体的内源时间调控机制——生物钟产生，并可以通过基因遗传。细胞内直接调控生物节律的核心组分就是特定功能的蛋白质，蛋白质是由基因编码的，因此调控生物钟的基因也是从上一代继承下来的。就我们人类而言，我们不仅继承了父母的相貌、身高等外在特性，也继承了来自父母的生物节律这种不可见的内在特性。

三、生物钟可以被光和气温等很多授时因子重新设置。自然界中影响生物钟最重要的两个信号因子就是光照和气温，目前认为光照和气温以 24 小时为周期的节律性变化是生物钟进化过程中最为重要的自然选择力量，昼夜的光温变化会使生物生存环境发生剧烈的变化，生物必须适应这种周期性变化才能保证种族的繁衍，漫长的自然选择最终导致诸多生物进化出生物钟这种内在机制，以适应环境的周期性变化。

四、生物钟能自由运转并自我维持。生物钟是内源的，运行以后并不依赖于光照和气温等外部因子，光照和气温等外部因子的作用仅仅影响生物钟节律模式。简单来说，生物钟正常运行时，如果去掉外界环境因素的周期性变化，比如把我们放在持续光照和恒定温度的房间里生活，我们还会保持近 24 小时的工作和睡眠规律。

　　五、生物节律具备温度补偿机制。在一定环境温度范围内，生物节律的周期保持在 24 小时左右，基本不会随环境温度的波动而变化，这样可以确保生物节律具有一定程度的稳定性。简单来讲，我们在寒冷的冬天和炎热的夏天可以基本维持生物钟节律不变。这也很好理解，自然环境中的温度波动幅度很大，如果生物节律不能保持一定的稳定性，对于生物体来说会带来灾难性的结果。

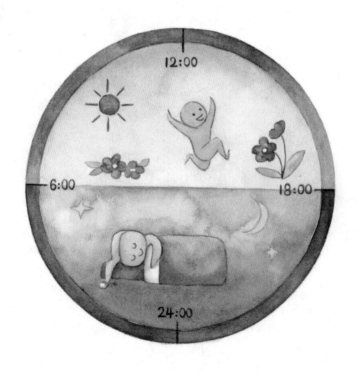

谈古论今——生物钟研究简史

人类对于生物节律的认识和研究大致经历了两个主要阶段，第一个阶段从远古直到近代的经验科学时期，人类在漫长的生产生活实践中通过对自身和自然界动植物的观察，对生物节律现象有了广泛的认知。西方对生物节律现象最早的文字记载可以追溯到公元前 4 世纪，由萨索斯岛的安德罗斯提尼①发现，

---

① 萨索斯岛的安德罗斯提尼，Androsthenes of Thasos，古希腊人名常用格式之一，其人是亚历山大大帝麾下三层桨战船的司令官，看来是文武双全的人物。

他观察到罗望子树的叶片有着令人惊奇的昼开夜合节律现象。西方对于人体的节律现象也有较早的记载，被西方尊为"医学之父"的古希腊著名医生希波克拉底（Hippocrates，公元前 460—前 370）和古罗马时期最有影响力的医学大师盖伦（Galen，公元 130—200）都观察到了生理过程和疾病发作过程的节律性，如 24 小时节律性发烧和疟疾的节律性发作。

中国早在先秦时期就已经有了对生物节律现象的记述："日出而作，日入而息"描述农耕民族的古代先人一直遵循着自然界昼夜节律从事生产生活。"六月食郁及薁，七月亨葵及菽。八月剥枣，十月获稻。为此春酒，以介眉寿。七月

> 出自《击壤歌》，这可是中国歌曲之祖哟！

> 这段让人流口水的文字录自《诗经》中的《国风·豳风·七月》，它用白描手法记录了华夏先民顺应天时，依照季节节律劳作和生活的场景。

食瓜，八月断壶，九月叔苴。采荼薪樗，食我农夫。"华夏民族不仅观星象授时，还能够适时运用物候指导农业生产，展示出人类遵循季节节律的生存技能。此外，在中国传统经验医学里也有对自身节律的描述，如"子

> 子和午指古代十二个时辰中正午和午夜时分，中医哲学主张天人合一，认为人体不同的经脉中的气血在不同的时辰也有盛衰。

午流注"概念的提出，在某种程度上体现遵循人体的各项生理表型节律的必要性，进而强调了时辰对于诊断和治疗的重要性。此外《吕氏春秋》的《季春纪》提出了一个"圜道"的概念，"圜"指周而复始，"日夜一周，圜道也"，圜道观可被认为是中国古代节律思想的重要传承。

生物节律研究的第二个阶段是指现代科学研究阶段，主要是随着科学研究方法的建立，人类依靠不断发展的科学技术逐步从深度和广度上去探索生物节律的内在调控机制和生

物学意义。1729 年，法国天文学家让－雅克·道托思·德·麦兰①完成了第一个有文字记载的现代科学意义上的生物节律实验：拥有一双慧眼的他发现窗台上的含羞草在自然状态下的羽状复叶在白天打开，夜间合拢。他首先想到：这种现象是不是白天和晚上光照不同引

①让－雅克·道托思·德·麦兰，Jean-Jacques d'Ortous de Mairan，作为天文学家，他发现了猎户座大星云的一部分 M43 星云哟！

起的呢？为了验证自己的这个猜想，他把含羞草关在避光的橱子里，橱子里保持着持续黑暗条件，这样就排除了光照的影响。他惊奇地发现含羞草叶片依然保持节律性运动，而且即使含羞草完全处在黑暗的环境，它似乎依然知道自然界的时间，叶片悠然地在白天打开，在夜间合拢。该结果证明了我们前文提到的生物钟的一个重要特性——内源性，即在环境恒定的条件下依然能够自主性维持周期节律的自由运转。现在我们仔细分析起来，德·麦兰当年的实验条件设置也不是非常严格，例如，他没有完全排除地球自转引起的其他节律性变化因素的影响，他忽略了温度等因素，还有，他在观察叶片运动的时候要打开橱门，这样是否有短时间光照的干扰等也未可知。

　　后来，真正意义上首次严格证明生物钟拥有内源性的实验或许应该归功于瑞士植物学家奥古斯丁·彼拉姆斯·德·堪多[1]。他在持续黑暗条件下得到的结论和德·麦兰的结论类似：含羞草叶子在特定时间张开和闭合，而且在持续光照条件下依然存在同样的现象。德·堪多最为重要的发现是通过实验证明了含羞草在持续条件下叶片的开闭周期小于 24 小时，

---

①奥古斯丁·彼拉姆斯·德·堪多，Augustin Pyramus de Candolle，1778—1841，他提出了不同的物种为了争夺空间互相进行"自然的战争"的理论，启发了达尔文的自然选择原理。看来科学的发展是有继承性的哟！

如果这种节律现象是地球自转导致的环境因子引起的，那么周期应该正好是 24 小时，但事实并不是这样，而是小于 24 小时，这恰恰说明

了含羞草的生物钟是内源性的，不依赖外部环境。但是这并没有说服所有生物学家，于是，1984 年美国科学家将另一种生物钟研究常用的模式生物粗糙脉孢菌——一种多细胞丝状真菌——送到了空间站，发现在脱离地球环境的微重力条件下，脉孢菌释放无性孢子的生长过程依然保持了节律性，这样进一步证明了生物钟是内源性的这一基本特性。

一把尺子

在地球这个美丽的星体上，有一件事情是永恒的，那就是每天太阳都会照常升起和落下。既然生物钟是内源性的，那么两个最重要的环境因素——光照和气温在起什么作用呢？其实光照和气温可以作为环境信号来重置生物钟。我们都知道一年之中日照长度并不是一成不变的，夏季白天长，冬季白天短；日照长度就像一只无形的手，每天都帮助生物体调整校准生物钟，使它与外界环境昼夜长短的变化保持一致或"同步"。

关于动物的生物钟与光照的关系有一个有趣的现象：我们人类以及牛、马、鸡、蝴蝶等动物适应在白天的强光下活动，被称为昼行性动物；而家鼠、蝙蝠和蛾类等动物适应在夜晚、清晨或黄昏等弱光时段行动，被称为夜行性动物。对于昼行性动物而言，生物节律的周期通常大于 24 小时，周期会随着光照强度的增加而变短；对于夜行性动物而言，生物节律的周期通常小于 24 小时，周期会随着光照强度的增加而变长。这个经验性理论是由时间生物学奠基人之一的阿绍夫提

出的，也被称为"阿绍夫规则"。阿绍夫做实验时用来测量节律表型的是一把尺子，如今这把被精致装裱过的尺子模型作为奖品，由美国生物节律研究协会颁发给有杰出贡献的科学家。它的评选遵循两个有趣的规则：一是本届得奖者必须是与上届得奖者工作在不同国家的生物钟学家，二是本届得奖者研究的生物体必须与上届得奖者研究的不同。我想，如果某一天，读过这篇文章的同学获得了这一荣誉，那得是一件多么有意义的事情！

2017 年诺贝尔奖

近些年，时间生物学研究获得了飞速发展，科学家们已经从分子水平上揭示了细胞中生物钟调控的秘密。已在基因水平上展开深入研究的有：人、鼠、果蝇、斑马鱼、拟南芥、水稻、大豆、玉米、脉孢菌、蓝藻、帝王蝶等。科学家们陆续克隆并揭示了生物钟核心基因的存在及功能。

20 世纪 70 年代，美国生物学家西摩·本泽首次发现并报道了果蝇生物钟突变体（和野生型果蝇相比，突变体果蝇的运行节律周期有的变快，有的变慢，还有的失去了节律性）。后来三位美国遗传学家，杰弗理·霍尔、迈克尔·罗斯巴希、迈克尔·杨首次克隆了基因，令人惊奇的是三种突变体竟然是同一个 *Per* 基因不同的突变方式，这三位科学家进一步解析并建立了由多个生物钟基因组成的分子调控模型，该开创性工作使得他们于 2017 年共同获得了诺贝尔生理学或医学奖。

> *Per* 基因是在生物钟调控机制中发挥核心作用的重要基因，普遍存在于生物中。

实验室里如何谱写生命的交响？

为了研究不同物种生物钟，科学家们发明了很多独特的方法。对于老鼠、果蝇和斑马鱼，可以用仪器记录它们的活动强度。比如，让老鼠蹬轮子来记录它们的运动节律：科学家们在轮子上安装磁铁，然后检测磁铁经过探头时的频率，以探查

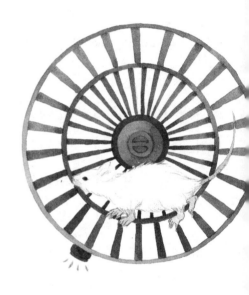

老鼠的活动情况。对于果蝇，则是把它们培养在细长的玻璃管中，利用它们在玻璃管中来回运动，切割垂直穿过管子的

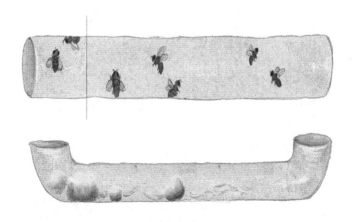

红外光束，来记录它们白天和晚上的运动行为。对于斑马鱼，则可以用摄像系统追踪它们的游泳情况，进而记录下它们的觉醒或睡眠数据。对于双子叶植物，最直观的方法是用相机连续拍摄子叶或真叶的周期性运动，数据化以后就能得到叶片尖端的位移或叶夹角度数随着时间变化的余弦曲线。对于

脉孢菌，则是利用菌丝生长过程中分生孢子节律性产生的现象，把脉孢菌接种在两端翘起的玻璃平直管的一侧，这样当脉孢菌向另一端生长时就会出现菌丝体区域和分生孢子形成区域明暗相间的节律性生长模式，然后再通过测量长度，把这种节律性生长情况数据化，用来进一步研究其生物钟表型。

此外，目前还有一种适用于多种物种的方法：利用能够发光的荧光素酶作为

荧光素酶是从萤火虫中克隆得到的发光基因编码的一种蛋白。

报告基因，用节律性表达的基因启动子驱动荧光素酶基因表达，再使其在荧光素和 ATP 等物质的参与下发出荧光，发光强度呈现的昼夜节律可以精确地反映机体生物钟调控的节律特性。

> 荧光素是荧光素酶化学反应所需要的化学分子底物，可以被荧光素酶分解发射光子。

> ATP 也叫三磷酸腺苷，是一种高能化合物，细胞都将 ATP 作为直接能源。荧光素酶降解荧光素发光的过程需要 ATP 提供能量。

那么，通过上述检测方法和软件处理后获得的生物节律有哪些特征呢？科学家们用描绘简谐振动的余弦／正弦曲线，来呈现生物节律的特征，他们关注的是其中的三个要素：周期、振幅和相位。周期，可以理解为一次周而复始的波动，也就是完成一个循环所经历的时间；振幅，反映的是曲线波动的幅度，计算时通常用波峰到波谷（也就是最大值与最小值）的差值的一半表示；相位，可以简单理解为与节律曲线

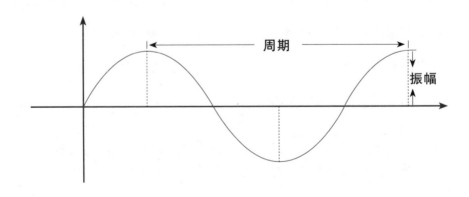

的波峰出现的时间点有关。

到目前为止，从事生物钟研究的科学家从不同生物中克隆了许多关键生物钟基因并初步阐明了其调控机制，其中比较有代表性的基因包括从果蝇、小鼠、人类、植物、蓝藻中发现的生物钟基因。一个有意思的事实是，动物、植物、蓝藻、脉孢菌的生物钟的核心组分来自不同的祖先，但是不同物种的这些不同的生物钟组分竟然都起到调控生物钟的作用，这种"殊途同归"进化出的生物钟机制也从一个侧面说明了生物钟对于生物体的重要性。

生物钟的"司令部"在哪里？

  对于高等哺乳动物，比如我们人类，由于有了高级形式的神经系统，所以生物钟调控变得更加复杂而精细。研究表明我们体内肝脏、胰腺、肾脏、小肠等脏器都有各自的生物钟，且一般来讲，每个细胞都有生物钟基因的表达。那么有没有一个生物钟"司令部"来统一发布命令，进而协调我们身体各处的生物钟呢？我们体内的生物钟司令部在哪里呢？科学家为了寻找这个生物钟的司令部用老鼠做了很多实验，比如用手术切除老鼠的脑垂体、松果体、甲状腺、肾上腺、性腺

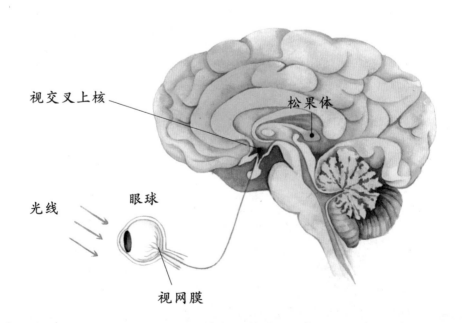

和胰腺等，或者用电击、灌酒等手段。（看到这段是不是感到浑身发冷？让我们向为科学献身的实验动物致敬！）令科学家们失望的是，老鼠的运动依然顽强地保持着昼夜节律性。最终，直到手术切除老鼠下丘脑的视交叉上核（SCN）以后，老鼠运动的生物节律才最终消失了，于是科学家们发现了大自然极力隐藏生物钟的"海盗藏宝地"。我们人类的生物钟司令部也存在于视交叉上核中，这是人体生物钟的核心部位，它主导并协调着全身不同组织器官的生物钟。

好钢用在刀刃上

如今，生物钟研究也步入了大数据时代，科学家们可以通过基因芯片和更先进的高通量的 RNA、蛋白、代谢产物的"测序"或"质谱"等分析技术来研究生物钟，这些技术统称为"组学研究"，包括转录组、蛋白质组、代谢组等。研究表明，尽管人体的不同组织及器官的生物钟有所差别，平均来讲生物钟直接调节人体基因组中约 10% 的基因表达，人体有 2 万多编码蛋白质的基因，因此直接受生物钟调控的基因数目非常大，而这些基因通过中心法则，最终翻译成的功能蛋白质进一步节律性地适时调节着人体的各项生理生化活动。

我们人类的很多生理生化活动都受到生物钟的调控，比如睡眠、血压、体温、心率、排便、激素分泌、新陈代谢、运动能力、学习和记忆能力、操作能力、警觉程度等。生物钟调控的靶基因

靶基因也叫目的基因，这里是指直接受生物钟基因调控的下游基因，生物钟基因可能促进或抑制它们的表达，这些基因会进一步参与调控细胞内各种生理生化活动。

的表达量具有明显的昼夜节律性，即一天中有表达高峰也有表达波谷，和它们执行的具体的功能相匹配。简单来说，人体的生物钟机制非常聪明，它会告诉人体什么时间该调动哪些基因表达，提前为执行的相应生理功能做好准备，在不需要的时间段就关闭这些基因，避免物质和能量的浪费，就像俗话说的"好钢用到刀刃上"。因此，调控同一类型的生理活动所需的基因的表达高峰所出现的时间点都比较接近。

现在是回答我们最初提出的问题的时候了。

为什么人类长个子依赖于良好的睡眠？

人体通过生物钟调节，在夜间，松果体开始分泌褪黑素，进而垂体分泌生长激素。因此处于身高发育关键时期的青少年需要按时作息以保证充足的睡眠。

> 松果体位于人类大脑的中间脑顶部，又被称为脑上腺，可以分泌褪黑素等激素。

为什么一天中不同时段的学习效率和效果不一样？

一般认为人在早晨时段（8—10点）的学习和记忆能力最强，机警性最高，所以学校会把重要的课程都放在上午学习，晚饭前后人的脑力也不错。利用这些时间段来学习是非常明智的做法。

为什么不合理的饮食习惯会让人长胖？

研究表明肥胖、糖尿病与生物钟被扰乱有很强的相关性，进食也是影响哺乳动物的生物钟及代谢稳态的重要因素之一，因此不恰当的饮食习惯可能导致肥胖。

为什么大部分奥运比赛的纪录都在下午被打破？

下午两点半到五点是人体协调能力、反应能力和肌肉力量最强的时段，所以这个时段里运动员打破奥运纪录最多并不奇怪。

为什么清晨会是心血管病人最易突发心脏病的危险时段？

清晨时段是人体血压升高最陡的时段，患有心血管方面疾病的人在这个时段可能承受不住血压的急剧升高，因此要特别注意这个时段的保养。

为什么吃药要遵循一定的用药时间？

每种药物都有一个作用的靶子，比如，某种药物作用的靶蛋白受生物钟调控，而且是晚上表达，那么如果在早上服药，到了晚上药物应该起作用的时候，绝大部分药物可能已经被代谢掉了，那么药效肯定会大打折扣。俗话说"是药三分毒"，在不恰当的时间服药不仅没有作用，副作用还可能会让药物成为危害健康的"毒药"。

广阔的应用前景

  对于人类来讲，生物钟研究涉及很多重要的领域，除了人们都了解一些的睡眠、肥胖之外，还包括精神疾病、癌症、代谢、衰老、运动、航天、军事等多个领域，这些生物钟交叉领域的研究成果将对人类健康和社会发展产生重要意义。在农业领域，目前已经证明了生物钟对植物光合效率、产量、杂种优势等重要农艺性状均具有调控作用，可见生物钟在农业生产中有重要的理论研究价值与广泛的应用前景。

起床气和妈妈的鼻子

一口气说了这么多层面的内容，让我们再回到日常生活中吧。第一个小故事是关于起床。我女儿马上要升初三了，我周一到周五将手机闹钟设定在早晨 5:50，但包括周末在内的清晨，5:30 左右，即使闹钟没有响，我都可以准时醒来，接着在大脑没有完全清醒的状态下机械地去卫生间完成洗漱，再准备早餐；然后我叫醒需要上学的女儿，女儿也和好些孩子一样，有点"起床气"。

起床气，指早晨从美梦中被叫醒的人在半梦半醒之间看什么都不顺眼、容易发脾气的状态。

我们要重视青少年长期睡眠不足的问题，这个问题需要家庭、学校和社会共同解决，因为这不仅影响青少年在学校的表现，更会对他们的生长发育、智力发育和身心健康产生全方位的负面影响。

第二个小故事是关于洗澡。很多人在还是孩子的时候都不喜欢洗澡，因为我们会因为水过热或过凉而感到不舒服，如果水流进我们眼睛和嘴巴，我们会更难受。我们也可能觉得洗澡会占用宝贵的时间，有时甚至衣服不好脱也是我们不爱洗澡的原因之一。于是每次放学回家到睡觉之前，孩子们会想尽一切理由逃避洗澡，当然一般都以失败而告终。其实这里面也有看不见的生物钟在起作用。研究表明人嗅觉的灵敏度在一天中并不是一成不变的，在临睡前的几个小时里，人的嗅觉最为灵敏，这也解释了为什么妈妈总是能敏感地捕捉到孩子身上的汗味，然后用尽各种手段让孩子洗澡。

未来科学家的旅程开始了

在生物钟研究之父科林·皮登觉的眼里，一朵玫瑰花在昼夜不同时间段也存在着巨大差异。原来他是从代谢角度看玫瑰的："玫瑰内部其实并不像外观那样一成不变，也就是说，中午和夜间的玫瑰进行着的，是两种非常不同的生物化学过程。"

读完本章以后，希望你能通过查找资料和阅读这本书后面的部分，去回答以下几个问题：

帝王蝶如何利用生物钟参与具有时间补偿效应的"GPS导航"机制完成迁徙？

圣诞老人的驯鹿在极地环境下为什么会失去生物节律？

封闭在墨西哥黑暗洞穴里的盲鱼为什么会失去生物节律？

最像"外星生物"的蓝血鲎的月节律是怎么回事？

"发光海岸"海水中的藻类发光受生物钟调控吗？

瑞典生物学家、动植物双名命名法的创立者卡尔·冯·林奈是如何发现花钟的秘密的？

　　我们可以和林奈一样，通过观察不同物种植物的花瓣开放情况来确定时间吗？

　　我们的生物钟探秘之旅暂告一段落，但是我相信你们成为科学家的旅程已经正式开始了。

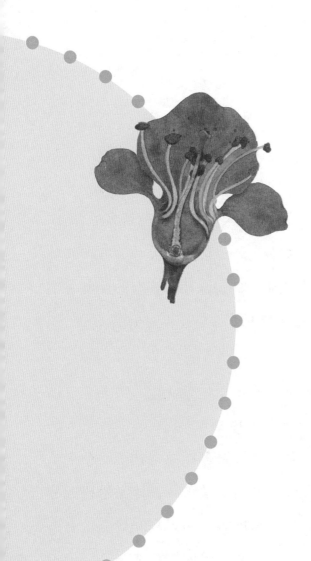

第二章 看花识时间——早期生物钟在植物学领域的研究

徐小冬

生物钟领域的"黑科技"

现代生活中我们常常会关注一些令人大开眼界的"黑科技"见闻，"黑科技"这个词也迅速变得流行，因为以科学为基石的技术创新，总是不断地给人类制造越来越多的惊喜。生物钟领域也有很多"黑科技"，让我们先看看300多年前的"黑科技"——看花识时间。如果你有足够好的嗅觉，能够分辨出不同的花香，那么祝贺你，你将会拥有升级版的"黑科技"——闻花识时间。

接下来我们一起聊聊关于植物开花的话题吧。大家可能听说过瑞典博物学家卡尔·冯·林奈①，正是这位科学界的传奇人物用"双名法"给大自然纷繁多样的物种统一命名，使得每个物种拥有了一个科学名称（学名），让学术研究和交流变得有条理且容易进行。经过多年的观察和研究，林奈发现某些植物的花瓣会在一天的特定时间开放或闭合，"看花识时间"正是由林奈"发明"出来的"黑科技"：林奈这

---

① 被授予贵族称号后为 Carl von Linné，他在自己的著作中常用拉丁名字 Carolus Linnaeus。

个可爱的发明被人们称作"花钟"。这个花钟可不是指用鲜花装饰的时钟，而是根据

根据林奈的自述，他早在 1748 年即发明了花钟。

植物开花受到生物钟调控的特性，通过观察不同植物花瓣的开放或闭合来判断出当地时间的花钟。

瑞典植物学家林奈发明的"花钟"

林奈在 1751 年出版的《植物哲学》一书中将花大概分成三类：第一类叫作气象花，花瓣的开放和闭合随着天气条件变化；第二类叫热带花，花瓣开闭时间随日照长短而变化；

气象花：海棠

第三类叫定时花，花瓣定时地开放与闭合，且不受昼夜长短的影响。第一和第二类花适用于研究春化作用和光周期对开花时间的影响，只有第三类才适合创建与近日节律有密切关联的花钟。林奈在著作中总共列出了 46 种在一天中不同时间开花的植物，将其中 43 种放入他绘制的花钟，

定时花：紫茉莉

热带花：菊花

并按照从凌晨3点到晚上8点的时间进行了排列。

　　林奈绘制了花钟，同时在理论上阐述了人为摆放及创建花钟的可行性，这一设想极大地激发了全世界园丁的兴趣和想象力。他们创建了各种各样的花钟，概括起来主要有两种形式：一种是常见的用各种鲜花装饰的广场时钟，这种形式遍布全世界，我们旅游时经常会见到；另一种则是有目的地选择受生物钟调控的不同时间开花的植物，是我们上面讲到的能够看花识时间的花钟。第二类花钟比较少见，在林奈的家乡乌普萨拉就有一座这样的花钟，此外，在德国的巴登-符腾堡州博登湖中有一座昵称为"花岛"的迈瑙岛，岛上也有一座真正意义上的花钟，有趣的是这两座花钟里用到的同一物种的花卉的花瓣开放时间有所差异。研究表明，由于不同地区光照和气温等气候等条件是不一致的，而光照和气温是调控开花时间的重要因素，也是能够重置生物钟的两大外部因素，因此最终会影响到植物花瓣开闭的时间，所以不同地区的植物在一天内的开花时间是有差别的。

　　"花落花开自有时"，让我们列举一些能构成花钟的中国常见开花植物吧（我国幅员辽阔，植物生长的具体生态环境还要具

　　四时有不谢之花，八节有长青之草。

　　——清·李汝珍《镜花缘》

　　亲爱的读者，你的家中有哪些花卉？你知道它们的花瓣在几点开放吗？

体分析）。这里列举出大概的开花时间数据：

蛇床花 在凌晨三点钟左右开花；

牵牛花 在凌晨四点钟左右开花；

野蔷薇 在凌晨五点钟左右开花；

龙葵花 在清晨六点钟左右开花；

芍药花 在清晨七点钟左右开花；

半支莲 在上午十点钟左右开花；

鹅肠菜 在中午十二点钟左右开花；

万寿菊 在下午三点钟左右开花；

紫茉莉 在下午五点钟左右开花；

烟草花 在晚上七点钟左右开花；

昙花 在晚上九点钟左右开花。

　　开花，是植物生活史上的一个重要事件。裸子和被子植物以种子繁殖生命，只有开花才会结实。人们观察植物的开花时间，除了感受大自然的神奇之外，也在思考科学层面的诸多问题。开花的起始、第一朵花的开放，通常意味着植物从营养生长逐步过渡到生殖生长阶段。在农业生产上，人们可以通过总结植物开花时间的规律，在栽培上采取相应的措施，例如，诱导植物提前/滞后开花，或花瓣提前/滞后开放，便于人工授粉，创造新品种，提高栽培品种的产量和质量。

我们通常可以在两个层面上归纳"植物开花时间"这一科学问题：一是前面提到的花瓣在一天中定时开闭；二是植物生长发育中的开花季节。近十年，随着分子生物学的飞速发展，生物钟与开花时间调控相关的机制及生物学意义正逐渐被揭示。

生物钟与花瓣开放时间调控

　　植物启动开花后需要经历一个非常重要的阶段才能够结出果实：雄蕊上花药开裂，成熟的花粉落在雌蕊的柱头上，这一过程叫作"传粉"；如果条件合适，落在柱头上的花粉开始萌发，通过长长的花粉管穿过柱头，最终进入子房的胚珠，完成受精过程。传粉的过程可以靠植物自身完成，也可以借助风力（风媒传粉）、昆虫（虫媒传粉）、鸟类的帮助来完成。靠虫媒传粉的花朵通常颜色鲜艳、气味芬芳、分泌甜美的花蜜，十分"招蜂引蝶"。在漫长的自然进化历程中，

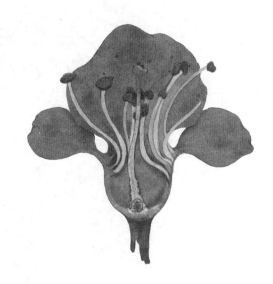

不同种类的植物选择与相对固定的昆虫"合作"：不同的植物形态各异，分泌特殊的香味与花蜜，因此能够吸引特定种类的昆虫，完成自身的传粉过程；不同种类的昆虫活动规律

不同，它们的感官或采蜜器官也有针对性，所以昆虫对花朵也各有所好。因此，植物的花朵在什么时间开放就变得容易理解了，这是植物和昆虫在长期进化过程中互相选择和适应的结果。

德国马普研究所的研究人员借助生物化学和分子生物学手段研究北美洲的野生烟草与昆虫的相互作用，包括如何抵御昆虫侵食、如何利用昆虫传粉。在其中一个实验中，他们在相对封闭的温室和开放的田间分别研究了开花时间与选择传粉昆虫的关系。烟草的花瓣通常在白天开放，释放香味，花瓣展开有利于虫媒授粉。科学家们用了野生型烟草和敲除了生物钟基因使得开花时间提前或滞后的烟草来设计实验，结果表明，在自然生态环境中，生物节律紊乱的烟草虽然可以多吸引一些白天活动的蜂

　　野生型烟草为没有经过基因编辑的野生种。基因编辑是一种新兴的分子生物学手段，是能够对生物体基因组内特定目标基因进行改造的一种基因工程技术。

　　LHY 和 ZTL 这两个生物钟基因是使植物维持昼夜节律的关键。

鸟来传粉，却大大降低了夜间活动的天蛾在自然生态环境下对烟草的授粉效率。由此可见，生物钟在一定意义上有利于植物在授粉过程中选择生物，以保障异型（非亲缘）授粉的发生，这样有利于增强后代的生存力和环境适应性。

作为太阳的忠实粉丝，向日葵的花盘夜间在干什么？

　　由于地球自西向东自转，因此在地球上的生物看来，太阳在一天当中是自东向西运动的。以人们所熟知的向日葵为例，幼年的向日葵茎秆顶端在白天会随着太阳向西方倾斜，带动顶端花盘自东向西运动，从太阳落山那一刻起，花盘则会自西向东缓缓地旋转回来，直到朝向东方，等待第二天的

第一缕阳光；科学家们将
茎部弯曲度绘制在时间轴
上，可以清晰地描绘出一

> 这时太阳还没有升起，看来向日葵可不是追随太阳，它可以预测太阳升起的方向。

条以 24 小时为周期的周而复始的生物钟节律曲线。随着植
株的发育，花盘运动的昼夜节律性逐渐减弱，成年向日葵的
花盘则终日朝向东方。进一步的研究发现，花盘的节律性运
动对向日葵生物量的积累十分有利，且朝向太阳的花盘表面
温度较高，有利于吸引蜜蜂传粉；科学家在实验中发现，将
栽有向日葵的花盆人为地转动，使花盘背向太阳，蜜蜂则很
少光顾。生物钟调控的向日葵向光生长的特性还与生长激素
有关：有研究表明，与生长发育相关的植物激素的合成途径
的很多关键基因的表达受生物钟转录因子直接调控。由此看
来，植物虽然不能自由移动，却能够通过内源生物钟系统神
机妙算，高效地利用环境中的有利因素，抵御不利因素，进
而在生长发育过程中择时开花，确保后代的繁衍。

光周期与季节性开花调控

很多植物的开花时间不仅有昼夜节律，也遵循着季节 / 年节律。正如印度诗人泰戈尔的名句："使生如夏花之绚烂，死如秋叶之静美。"虽然夏花种类最为繁多，但花开四季，是典型的年节律，古往今来有无数文人骚客吟咏各个时令的花，如果以生物节律的眼光去看，也颇有意思。

昼夜周期中光照期和暗期的长短交替变化被称为"光周期"，太阳在南北回归线逡巡，导致了季节的更迭，因此特定地点的光周期会发生着以年为周期的节律性变化；纬度越高，昼夜时间比例随着季节的变化幅度越大。进化过程中，在不同生态环境下存活下来的植物具备了感知日照长度的能力，会在日照长度合适时开花、落叶、腋芽休眠、块根形成等，这就是"光周期现象"，这一概念最早在 1920 年由美国学者加奈 (W. W. Garner) 和阿拉德 (H. A. Allard) 提出。

被尊称为"时间生物学奠基人"之一的德国植物学家欧文·博宁（Erwin Bünning，1906—1990），用遗传学杂交实验证实了生物节律是机体内源的，具备可遗传性；此外，他还研究了豆科植物的光周期响应，首次提出了生物钟及昼夜节律受光周期调控的理论。被尊称为"生物钟之父"的英裔美国科学家科林·皮登觉（Colin Pittendrigh, 1919—1996），深入探究并概括出自然界中光信号与昼夜节律性的引导关系，奠定了时间生物学的重要理论基础。

人们根据植物开花对光周期长度的依赖性进行了分类：分为长日照下开花植物（如小麦、大麦、莴苣、萝卜、菠菜、甘蓝、大白菜、甜菜等）、短日照下开花植物（如草莓、大豆、水稻、玉米、烟草、菊花等）和开花时间对日照长度不敏感的"日中性"植物（如番茄、茄子、棉花、月季等）。迄今为止，科学家们已经找到了植物在长日照、短日照条件下，

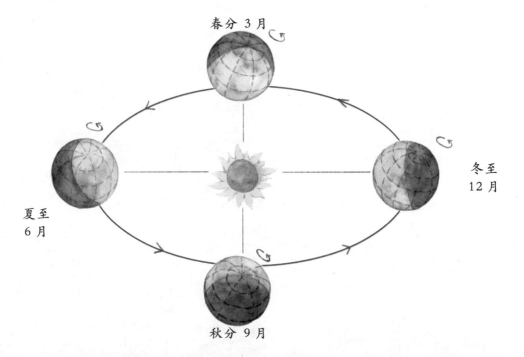

开花时间所依赖的生物钟基因，发现生物钟蛋白与光信号感知和传递相关的组分协同作用，来帮助不同种类植物感知自然环境中日照长度的变化，进而在体内逐渐累积开花必需的因子——"成花素"。目前认为成花素蛋白可以通过植物微管束组织运输到茎尖，调节并诱导植物开花，缺失成花素基因的植物的开花时间会大大延迟。

花的心事由你来猜

传统诗词是中华民族的文化基因，让我们一起破解文化基因的奥秘，找找里面的"彩蛋"，来感受一下我们血脉里的有关花开四季的节律现象吧：

正月　梅花

"梅须逊雪三分白，雪却输梅一段香。"研究表明，生物钟可以增强植物的低温耐受性，参与短日照或低温条件下开花，因此才有了傲雪寒梅。

二月　杏花

"小楼一夜听春雨，深巷明朝卖杏花。""春"字写出了近年节律，"明朝"写出了近日节律，原来诗人陆游是一位跨界生物学家。

三月　桃花

"人面不知何处去，桃花依旧笑春风。"还有一句："人间四月芳菲尽，山寺桃花始盛开。"为什么大林寺的桃花四月才刚刚开放呢？因为温度调控季节性开花以及腋芽的休眠也要通过生物钟，山上气温低，自然开花晚呀！看来观察能

力超强的白居易如果"穿越"到现代很适合当生物学家。

四月　牡丹

"唯有牡丹真国色，花开时节动京城。"给大家讲一个生物钟版本的"焦骨牡丹"传说。据传当年女皇武则天在天寒地冻时为了到后苑游玩，对百花下了诏令："明朝游上苑，火速报春知，花须连夜发，莫待晓风吹。"百花迫于权威，一夜开放，只有牡丹仙子违命被贬洛阳，移到洛阳之后，很快长出绿叶，开出娇艳花朵。女皇知道后大怒，派人即刻赶赴洛阳，放火欲将牡丹全部烧死。无情的大火过后，牡丹虽枝干焦黑，花朵却更加娇艳夺目，因此牡丹又被称为"焦骨牡丹"，从此为"百花之王"。此传说有几处违背了生物钟科学，你发现了吗？

五月　石榴

"五月榴花照眼明，枝间时见子初成。"石榴据说是张骞通西域时从安石国引入中国的，所以也叫安石榴，想必石榴开花也有地域性差别吧。

六月　荷花

"接天莲叶无穷碧，映日荷花别样红。"大家赏荷，不一定要在六月去西湖，在哪里不重要，重要的是不要忘记观察一下荷花什么时间开放。

七月　蜀葵

"晨妆与午醉，真态含阴阳。"这不就是对生物节律的最佳诠释吗？

八月　桂花

"山寺月中寻桂子，郡亭枕上看潮头。"俗话说"八月桂花香"，很多花的香气释放过程是存在昼夜节律的，香气的本质是细胞内代谢产生的多种化学分子，其中关键酶也受生物钟的直接调控。

九月　菊花

"待到重阳日，还来就菊花。"当然了，菊花也有很晚开花的品种。"不是花中偏爱菊，此花开尽更无花。"

十月　木芙蓉

"丽影别寒水，秾芳委前轩。"还有一句："木末芙蓉花，山中发红萼。"这里，大诗人王维将枝条顶端（木末）的辛夷花（紫玉兰）比作芙蓉花了。

十一月　山茶

"说似与君君不会，烂红如火雪中开。"山茶的花期很长，获得过陆游称赞："雪里开花到春晚，世间耐久孰如君？"

十二月　水仙

"岁华摇落物萧然，一种清风绝可怜。"寒冷的冬季，能够给家人带来年节氛围的绝佳礼物就是一盆水仙花了，懂得生物钟对开花时间调控的知识，就完全可以人为地调节光照和气温，确保水仙花在春节期间开放。

小读者们如果对遵循年节律开花的花仙子们感兴趣，可以自行检索并总结出一个当地植物的开花时间表，如果再写一篇小论文就更有意义了。

打破时令的现代月季

月季在中国已有两千多年的栽培历史，在世界花卉市场占有重要的地位。月季的近亲——蔷薇和玫瑰，一般每年只能开一次花；而月季则不同，作为日中性物种，月季有极强的开花习性，对光周期不敏感，一年多次开花，正是"相看谁有长春艳，莫道花无百日红"，甚至每月都开花。当前人们能欣赏到纷繁多姿的月季，还得归功于育种学家。早在18世纪时，中国月季被引进到欧洲，育种学家将中国月季作为亲本和欧洲当地

> 学名为 *Rosa Chinensis*，感谢林奈的双命名法，除了标注有"蔷薇属 Rosa"，种名则是清晰指明了原产地——中国。

蔷薇广泛杂交。1867年，法国科学家吉洛培育出茶香月季，目前这被认为是第一个杂交月季。后来经育种家将中国月季反复杂交、回交，选育出了多花色、香型浓厚、大花型的"现代月季"。月季和其他植物一样拥有生物钟基因的表达，也有很多开花调控相关基因，为什么月季开花时间却如此特殊呢？很多学者在不断探索其中的奥秘，说不定将来有一天，我们也会看到小读者们的研究论文。

一见"钟"情

　　这篇文章重点讲述了植物的开花时间、花瓣开闭受生物钟调控的相关研究。此外，因为有生物钟的调控，我们可以看到双子叶植物的叶片在白天伸展、在夜间闭合，呈现出昼夜节律性运动曲线；因为有生物钟的调控，植物花朵分泌香味也有特定的时间性。植物之所以选择在

　　如夜来香，从名字就可以看出端倪，在科学研究实验中可以用液态化合物苄基丙酮来模拟花香。

不同的时间开花或者散发香味，可能与其自然选择合适的传粉昆虫或鸟类有关，如白天开花的植物吸引蜜蜂、蝴蝶和小鸟，而夜间开花的植物吸引飞蛾和蝙蝠。

　　谈完花香，不由得想到花蜜。中国人很早就开始驯化蜜蜂以大量获得蜂蜜，到了汉朝，蜂蜜已经成为大众食品，然而世界上最为稠厚芬香的蜂蜜却来自希腊，因为希腊日照时间长、昼夜温差大、雨水充沛、土壤矿物元素丰富，可谓是植物和花卉的天堂。据说该文明古国已有五千多年的酿蜜历史，神话中蜂蜜是献给神的食物之一，想必掌管科学和艺术

的缪斯女神对蜂蜜也是一见"钟"情吧。我们知道花蜜（蜂蜜的原料）是富含氨基酸、蛋白质、脂类、糖、生物碱等近百种成分的混合物，而这些成分的合成途径是在生物钟的调控下进行的；更有研究发现花蜜分泌具有节律性，可以有效地吸引特定的昆虫传粉。

谈到一些植物器官液汁的分泌节律，这里再来谈一种重要的战略资源——橡胶树。由于胶乳分泌受到生物钟调控，采胶工人熟知，到了次日凌晨两三点钟的时候，橡胶树乳管内的胶液才会逐渐充满。因此为了增加产量，采胶工都是凌晨2点起床开始割胶工作，依靠内在的膨压使胶液沿着树上的螺旋形切割口，一滴一滴流进下面的胶碗里。采胶工人由于昼夜节律被打乱，非常辛苦，所以我们将来利用生物钟的知识改变橡胶树分泌胶乳的时间，将是一件非常有意义的事情。

植物生物钟研究将极大推动现代农业发展

我们了解了时间生物学领域的"黑科技"——看花识时间,明白了长期进化得来的生物钟使得植物变得更聪明,进而确保其自身新陈代谢与自然环境周期性变化步调一致,即同步化,也就是生物钟帮助植物合理利用能量和有限资源完成生长发育过程。

现代科学技术的发展可谓日新月异。生物钟及周期节律的基础研究对农业生产具有重要的理论价值和广泛的应用前景。生物钟调控参与了诸多生理生化过程,对光合效率、生物量、杂种优势、生物和非生物逆境胁迫的抗性、次生代谢以及农产品收获后的贮藏等重要农艺性状非常重要。目前,国际上生物钟研究已经拓展到大豆、玉米、白菜等重要农作物上,在逐步揭示植物生物钟与重要农艺性状调控的作用机理的同时,开始探索将生物钟理论应用于农业生产实践,以期改善作物的环境适应能力,增强其抗性,提高其品质。

第三章 果蝇的朝朝暮暮

张珞颖

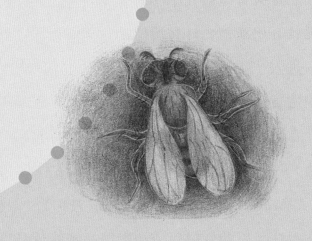

本章的主角是一种叫作果蝇的小飞虫，在天气暖和的时候，你可以在有些人家的厨房里看到它们，环绕在烂香蕉和烂葡萄周围。与本书中其他生物一样，果蝇也有近日节律。它们与人有些相似，日出而作，日入而息。在实验室里，果蝇通常生活在 25 摄氏度的培养箱里，每天经历 12 小时光照、12 小时黑暗（用于简单模拟自然界中果蝇在一天中会经历的明暗变化）。在每天灯亮前几个小时（相当于自然环境中的清晨），果蝇就开始活动，灯亮后活动达到峰值，随后活动量逐渐下降，进入"午休"。在每天熄灯前几个小时（相当于自然环境中的黄昏），果蝇又一次开始活动，于熄灯后达到峰值，随后活动量下降，进入夜间的睡眠（是的你没看错，果蝇也会睡觉）。由于果蝇每天的活动出现双峰，即一个"早高峰"和一个"晚高峰"，所以它的活动模式被称为"双极性"活动。一般认为灯亮后和灯熄后活动激增达到峰值是果蝇对光线的明暗变化所做出的反应，而灯亮前和熄灯前活动的增加则是对光线将会发生明暗变化而做出的预期。这种预期性的活动体现了果蝇对于白昼的长度的认知，意味着它们能够预测天亮和天黑的时间，并为此做出准备。

　　看到这里，可能仍然会有读者将信将疑，灯亮前和熄灯前活动的增加真的是因为果蝇可以预测天亮和天黑的时间吗？会不会只是对于光线明暗变化的一种反应？为了回答这个问题，研究人员把果蝇置于持续黑暗的条件下，果蝇不再经历灯亮和熄灯的过程。然而，果蝇每天仍然会在原灯亮时间前几个小时开始活动，到原灯亮时间前后活动达到峰值，然后活动量有所下降。在原熄灯前几个小时果蝇再次开始活动，到原熄灯时间前后活动达到峰值，随后活动减少，进入夜间睡眠。也就是说，果蝇在没有任何外界时间信息提示（例如灯亮、熄灯等标志天亮或天

黑的时间信息）的情况下，仍然可以对外界的天亮和天黑时间做出预测，其活动也发生相应的变化。从一次"早高峰"（或"晚高峰"）到下一次"早高峰"（或"晚高峰"）所间隔的时间大约是 24 小时。换句话说，果蝇在持续黑暗的条件下，自行定义的一天大约是 24 小时，与自然环境中的一天的长度基本上一样。这些持续黑暗条件下的实验结果显示，果蝇体内有一个计时器，让果蝇即便没有外界环境的时间信息提示也仍然能够在一天中适当的时间活动和休息。这个计时器被称为近日时钟，它还有一个更通俗的名称：生物钟。

　　那么果蝇体内的这个近日时钟究竟是什么呢？因为所有的生命过程，追本溯源都是由基因决定的，所以在 20 世纪 70 年代，美国加州理工学院的科学家西莫尔·本则尔以及他的学生罗·科诺普卡试图从基因层面来回答这个问题，找出调控近日时钟的基因。他们的思路是，逐个破坏果蝇的基因，然后检测果蝇的日常作息活动，看看哪些基因被破坏后，果蝇的规律性的作息——作息活动的节律——会受到影响。于是他们把一种化学物质加入果蝇的食物里，该物质可在果蝇体内随机诱导基因突变，随后检测了这些发生基因突变的果蝇的作息节律。他们发现有 3 个基因突变会导致果蝇的作息节律发生改变。其中一个突变导致 24 小时的作息节律完全丧失，果蝇的活动与睡眠不再发生于每天固定的时间。前文提到的有明显的活动的"早高峰"和"晚高峰"都消失了，睡眠也不再集中于夜间，而是分散在一天中的各个时段。在另外两个突变中，一个导致果蝇的作息周期由 24 小时缩短为 19 小时，一个导致作息周期延长为 29 小时。这意味着发生这两个突变中任何一个的果蝇，它的一天或者变短至 19 小时，或者变长至 29 小时。

　　发现了可以影响作息节律的突变，接下来要找出发生突变的基因，这样才能找到调控近日时钟的基因。科诺普卡和本则尔将 3 个突变定位到了染色体上同一区段内。受限于当时已有的信息和技术手段，他们无法对 3 个突变进行更精准的定位。由于这 3 个突变的定位比较接近，而且都能影响果蝇的作息周期，他们做了一个假设，认为这 3 个突变发生在同一个基因内，并把这个基因取名为"周期"。因为"周期基因"调控果蝇的作息周期，所以他们认为这个基因应该在

果蝇的近日时钟里发挥重要作用。这项研究成果于 1971 年发表，但是其后的十余年都未受到重视。直到 20 世纪 80 年代，随着新的生物技术手段的兴起，周期基因才开始得到科学家们的关注。美国布兰德斯大学和洛克菲勒大学的三位科学家杰夫·霍尔、迈克尔·罗斯巴斯、迈克尔·杨于 1984 年成功克隆了周期基因，从而证明了科诺普卡和本则尔当年提出的假说是正确的。这三位科学家因为"周期"基因的工作获得了 2017 年的诺贝尔生理学或医学奖。令人遗憾的是，最早发现周期基因的科诺普卡和本则尔都已不在人世，无缘诺奖。周期基因的克隆开启了近日时钟研究的热潮，在其后的三十年内，研究人员发现了十余个调控果蝇作息节律的基因，它们与周期基因共同构成了近日时钟。

知道了近日时钟是什么，那么近日时钟在哪里发挥作用呢？果蝇体内许多细胞都表达近日时钟基因。在 12 小时光照、12 小时黑暗的条件下，近日时钟在这些细胞中都可以运行。然而，在持续黑暗的条件下，近日时钟仅在果蝇脑内大约 150 个神经细胞（左右脑各 70 余个）中持续运行。前文提到，果蝇的作息节律在持续黑暗条件下可以保持多日。我们由此可以推断，作息节律应该是由脑内这 150 个神经细胞驱动的。这 150 个细胞是全部参与调控作息节律，还是只是其中的一部分在发挥作用？如果答案是后者，那又是具体哪些细胞在发挥作用呢？研究人员采用了与找近日时钟基因相似的思路来回答这个问题。他们杀死这个群体中的部分细胞，然后检测果蝇的作息节律是否受到影响。

研究人员发现左右脑各9个神经细胞（共18个）被杀死后，在12小时光照、12小时黑暗的条件下，灯亮前的活动消失，但灯亮后的活动仍然会和正常果蝇一样出现急剧增加。也就是说杀死这18个细胞后，果蝇为灯亮做准备的预期性活动消失，但是果蝇仍然能对灯亮做出反应，灯亮后活动仍然出现激增。在持续黑暗的条件下，杀死这18个细胞导致果蝇活动的"早高峰"消失。这些结果表明，这18个细胞对于灯亮或天亮前的活动是必须的，它们在清晨发挥作用，因此被称为"晨细胞"。当近日时钟仅于晨细胞中运行，而在其他细胞中缺失时，仍可观测到果蝇活动的"早高峰"。这说明仅晨细胞内的近日时钟就足以驱动为灯亮或天亮做准

灯亮前　　　　　　　　　　灯亮后

备的预期性活动。由于灯亮后活动的激增是果蝇对光的明暗变化所做出的反应，不由近日时钟驱动，所以杀死晨细胞对其不产生影响。晨细胞由 10 个体积较大的细胞和 8 个体积较小的细胞组成。研究人员发现这 10 个大细胞可以促使果蝇从睡眠中苏醒，这与晨细胞驱动活动"早高峰"的功能是相辅相成的，即晨细胞可以促使果蝇在天亮前就从夜间睡眠中醒来并开始活动，为天亮做准备。

　　前文已描述过，果蝇每天的活动除了"早高峰"还有"晚高峰"。研究人员发现另有约 30 个神经细胞（左右脑各 15 个左右）被杀死后，果蝇在熄灯前的预期性活动消失，但熄灯后的活动仍出现激增，表明果蝇能对熄灯做出反应。在持续黑暗的条件下，活动的"晚高峰"消失。这些结果显示，这 30 个左右的细胞对于熄灯或天黑前的活动是必须的，它们在黄昏发挥作用，因此它们被称为"暮细胞"。

　　晨细胞除了驱动活动的"早高峰"，对于持续黑暗条件下的作息节律也是必需的。杀死晨细胞后，果蝇的作息节律性明显变差，在持续黑暗条件下仅能维持两三天，而正常果蝇的作息节律可以在持续黑暗条件下维持数十天。晨细胞内的近日时钟决定了果蝇在持续黑暗条件下的作息周期。如果晨细胞的时钟运行得快，作息周期会变短，反之如果晨细胞的时钟运行得慢，作息周期则变长。换言之，晨细胞内的近日时钟决定了果蝇一天的长度。在持续黑暗条件下，晨细胞内近日时钟的快慢也决定了暮细胞等其他神经细胞内近日时钟的快慢。我们可以把晨细胞内的近日时钟看作一个指挥官，它决定其他神经细胞内近日时钟的运行速度。如果这个作为指挥官的钟跑得快，就会导致其他的钟也跑得快，如果它跑得慢，则导致其他钟也跑得慢。这可以解释为什么在持续黑暗的条件下，果蝇的作息周期由晨细胞的近日时钟决定。

虽然果蝇的作息节律和近日时钟不依赖于光，在持续黑暗的条件下可以维持多日，但是果蝇的作息节律和近日时钟可以受到光的调控。当外界环境的明暗条件发生变化的时候（例如随着季节的改变，天亮和天黑的时间发生改变），果蝇的作息活动可以随之调整来更好地适应环境。读者可以把近日时钟想象为你的电子表，只要有电池，它不需要你做什么就可以持续运行计时，但是你可以去调它的时间，根据你的需要把它设置到一个新的时间。近日时钟和光的关系就是这样：近日时钟不需要依赖于外界环境因素来驱动，只要有一定的能量，它就可以在生物体内持续运行，但是光可以调控近日时钟，把它设置到一个新的时间。当光重新设置近日时钟后，果蝇的作息节律也会随之改变。光在一天中不同时间对近日时钟产生的效应不同。在前半夜，光照会使近日时钟延迟，把它往更早的时间调。在后半夜，光照则会使近日时钟提前，把它往更晚的时间调。在白天，光照基本对近日时钟不产生影响。光对近日时钟的效应主要通过一个蓝光感受器介导，当这个感受器接受光信号后，会作用于近日时钟基因，从而对时钟进行设置。这个蓝光感受器在果蝇体内许多细胞中都有表达，这些细胞都可以直接感光，调整细胞内的近日时钟，使这些钟的时间基本一致。

　　本章介绍了果蝇的作息节律，这是果蝇近日节律的一个突出体现。果蝇除了活动和休息呈现出近日节律，还有许多其他的生命过程，例如进食、求偶、羽化（指果蝇破茧而出，由蠕虫形态的幼虫变为飞虫形态的成虫的过程）等，均呈现出近日节律。这些多种多样的生命过程的近日节律都由前文描述的近日时钟所调控。科研工作者在果蝇体内发现的近日时钟基因以及它们的作用方式，还为更复杂的生物钟的研究（例如对小鼠和人的近日时钟和近日节律的调控方式的研究）提供了重要的启示。果蝇这种不起眼的小飞虫，是近日节律研究的大功臣，使这一领域在过去数十年得以呈现突飞猛进的发展。

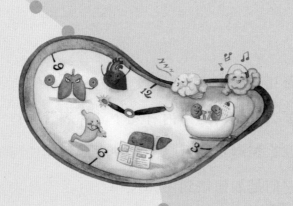

第四章　墙上的钟和手上的表

虞子青　张二荃

相信通过前面几章，你已经对生物体内的"钟"有了一个大致的了解。那么，我们的体内有几个"钟表"呢？只有一个的话，它是怎么控制我们全身的各种生命活动的呢？如果有很多的话，它们是如何做到协调统一、有条不紊地工作的呢？如果其中一个或好几个"钟表"坏掉了，又会怎样？

为了解答这些问题，我们来打一个比方：每个生命体都是一座设备齐全、内部结构错综复杂的厂房，厂房里又分了很多个车间，每个车间都各司其职——分管睡眠和觉醒的，负责进食和物质代谢的，调节血液循环的，掌控激素分泌的……每个车间都有许多工人，这些工人都戴了一块手表来掌握自己上下班的时间。但是整个厂房的顶层有一间中央控制室，里面有一个最权威、最准确的时钟。于是员工们会经常按照这个时钟来校表，以确保自己手表时间的准确。当然，每个车间有权利根据自己的工作进度来选择今天要不要加班、要不要休息、要不要严格按照中央控制室的时间来工作……

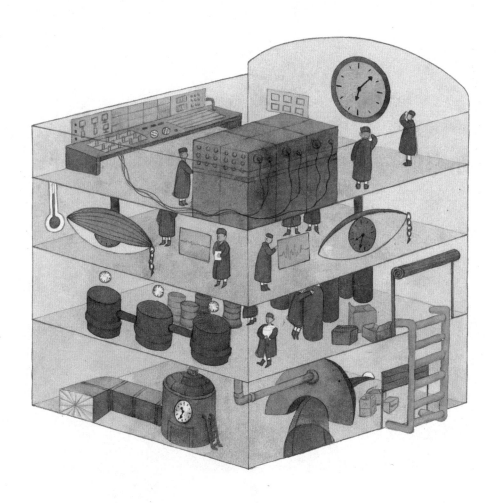

　　当然，具体大家怎么来对表，这个中央控制室究竟如何工作，还是有一点儿复杂的。为了更好地理解体内的"时间系统"，让我们来看以下几个问题。

你家的钟表和我家的一样吗？

当人们从 18 世纪开始意识到生物体内源性的节律时，并没有开始思考体内产生这种节律的"中心"究竟在哪里。直到四十多年前，科学家们开始对视交叉上核（SCN）产生了兴趣。此前，科学家们通过电极记录各个脑区的活动，也发现过视交叉上核的活动有昼夜周期。

有两个现象引起了摩尔和艾希勒的注意：其一，切断大鼠视束会引起视觉行为的丧失，但是不会影响松果体生成褪黑激素的酶对于光照的反应；而在损坏视

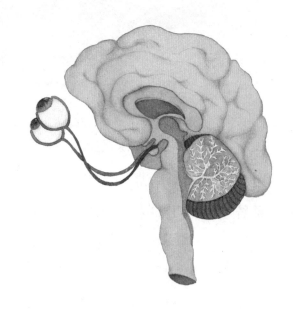

束下游的部分之后，视觉相关的行为不受影响，但褪黑激素生成的酶对于光照的反应大大减弱了。其二，损坏大鼠位于下丘脑的视交叉上核会导致雌性大鼠在光照条件下的发情反

应消失，而损坏视束部分不会。又考虑到当时视觉在调节神经内分泌中起到的重要作用已经被广泛认可，摩尔和艾希勒就怀疑视觉通路会和脑对于节律的调控有一定的联系。于是，他们两人做了个简单的实验：将大鼠分为四组，其中一组切断视交叉的前部以分离视神经的连接，一组切断下丘脑上视交叉后面的部分，一组去除视交叉上核，另外一组做假手术作为对照；然后在一天 24 小时中每隔 6 小时测量一次肾上腺皮质激素水平。实验结果表明，损坏下丘脑实质的和损坏视交叉上核的大鼠失去了节律，而损坏视交叉之前的部分的大鼠节律保持正常。几乎同时，其他科学家也做了类似的损坏视交叉上核观察节律的实验，并且发现损坏之后的实验动物在饮水、睡眠、活动等诸多方面都失去了节律。

至此，我们已经大致可以得出结论，视交叉上核是产生生物节律的"始发点"。但是能不能就这样确定呢？目前来讲是不可以的，因为如果将视交叉上核视为生物节律的"传送点"，而在其上游还有一个"始发点"，也是可以解释以上这些实验现象的。

1990 年，拉尔夫等给损毁视交叉上核而失去节律的实验动物重新移植了其他动物的视交叉上核，结果发现移植之后实验动物的节律恢复，且与供体相同。如果供体的节律周期是 22 小时，而被损毁视交叉上核的动物节律周期是 24 小时，

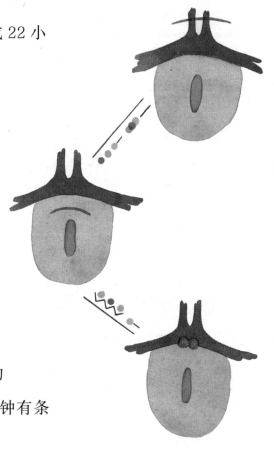

那么它新的节律周期会变成 22 小时。

在这个实验之后，我们就可以说，视交叉上核就是中央控制室的时钟，随着物种和个体的不同可能会有细微的差别，周期都在 24 小时上下波动。中央控制室的员工们会在太阳升起和落山之时对时钟进行校正，整座厂房里的各个车间就可以按照这个时钟有条不紊地工作啦。

中央控制室视交叉上核请您准确对时

中央控制室的工作可谓是非常繁忙而又面面俱到。到了该睡觉的点儿就得安排厂房的大多数工人休息，到了该起床的点儿就得把大家叫醒（不管是让你饿醒还是被照进来的阳光晒醒）。肾上腺激素要按时分泌，血压在晚上要按时下降……一切都被安排得明明白白。

地球以 24 小时为周期自转而产生了一天 24 小时的昼夜节律，光信号的变化是我们能感受到的最直接、周期性最明显的信号，因此也是生命体的生物节律最原始的信号来源。在哺乳动物体内，光信号在视网膜被接收，通过视网膜下丘脑束到达位于下丘脑的视交叉上核，再由后者投射到海马体（包括弓状核、室旁核、下丘脑外侧区、背内侧核）和脑干（包括腹侧被盖区、通过内侧视前区和室旁核连接的背内侧核的迷走神经），形成神经网络的生物节律。同时，下丘脑还会接收肽类激素和营养物质的代谢物的化学信号。外界的光信号和内源的代谢信号在中枢神经系统进行整合、向下传递，便给予了睡眠、饮食、代谢、激素分泌、体温变化等各种生

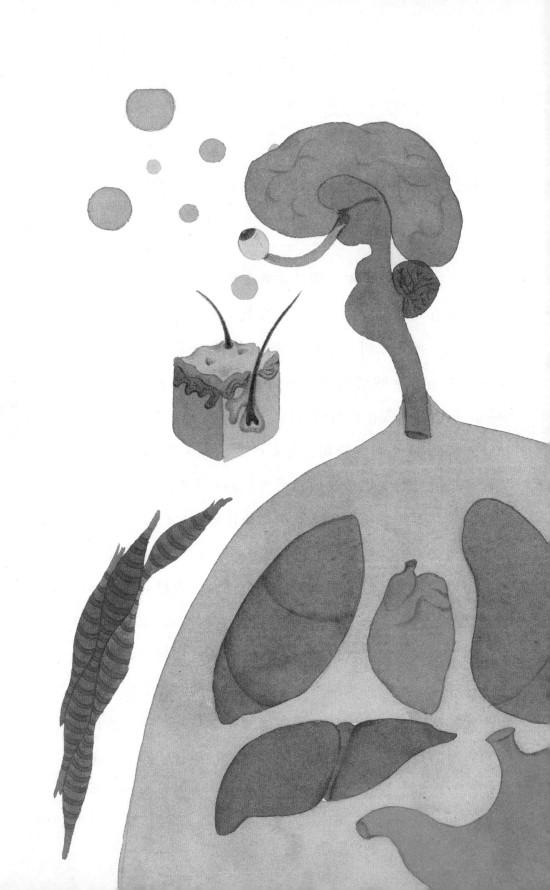

命活动以节律性。

话虽然这么说，但我们目前并不清楚从视交叉上核产生的节律如何就传递到了我们的胃、心脏、肌肉、内分泌腺等各个组织器官，"向下传递"的载体到底是什么，这其中的过程和机理到底是什么。是通过体温的周期性变化吗？通过神经内分泌吗？还是……？

也就是说，目前在生物钟领域，中枢钟（视交叉上核的生物钟）如何调控外周钟（外周组织的生物钟），还是一个悬而未决的问题。就算是中枢钟内部，所有的细胞之间如何相互作用达到节律的统一，也还研究得不是很清楚。

没有太阳，地球还是会绕

正如本章开头所说，在这个厂房里，每个工人都有自己的一块手表。其实从内部结构来讲，这块手表和中央控制室的钟表是一样的。相信通过前面几章，我们已经了解到我们的体内存在着许多"生物钟基因"，这里我们就可以把生物钟基因看作表的一个个齿轮。齿轮相互磨合，一起旋转，有的顺时针转（正向调节），有的逆时针转（负向调节），才让生命的时针嘀嘀嗒嗒不断旋转。

从中枢神经系统到外周各个组织器官的细胞中，都存在着生物钟基因，也因此都存在着自己的生物钟。中枢钟和外周钟是互相依赖而又互相独立的存在——中枢调控外周，外周反馈信息给中枢。

20 世纪 70 年代，果蝇的 *Period*（*Per*）基因的发现为人类从分子生物学的角度理解生物钟开启了新世界的大门，此后一系列生物钟基因陆续被发现。人们在之前研究的基础上，得出了一个非常简洁的转录 - 翻译负反馈环路 。

正是因为各个组织器官的细胞中都存在着这样以约 24 小

时为周期的<u>转录－翻译负反馈调节</u>的循环，每个"车间"的工人们的手表才能正常运转。即使一时半会儿没有和中央控制室的钟表进行校对，他们自己的手表也会按部就班地按照12小时跑一圈、24小时跑一天的节律来运行。一个人（或者一只小鼠之类的）即使待在24小时完全黑暗的环境下，视交叉上核失去了校正生物钟的标准，由于这些生物钟基因的存在，机体仍然可以保持自己的生物节律。

　　然而，外周组织中的生物钟是很容易受到外界影响的。如果一个人每天

转录－翻译：简而言之，是遗传信息从DNA传递到RNA，再转变为蛋白质的过程。DNA是生命体内遗传信息的储存者，蛋白质是大多数生命活动的执行者。遗传信息从一串看似毫无规律的碱基排列，变成可以执行各项生命活动的蛋白质，需要先将DNA通过碱基互补配对变成信使RNA，这个过程叫"转录"。再由携带着不同氨基酸的转运RNA识别信使RNA上特定的"密码子"，将氨基酸按照密码子的顺序排列好，组装成肽链；由于这个过程需要信使RNA将"密码子"的信息转换成氨基酸的种类和排列顺序，我们形象地称之为"翻译"。翻译过后，经过一系列的剪切、折叠、修饰，才能形成具有功能的蛋白质。

反馈调节：反馈调节包括正反馈调节和负反馈调节。在一个系统中，系统本身的工作效果反过来作为信息调节该系统的工作，这种调节方式叫作反馈调节。

都上午十一点才吃这一天的第一顿饭，每天半夜十二点都要吃夜宵，那么其与消化、吸收、代谢相关的器官就会为了适

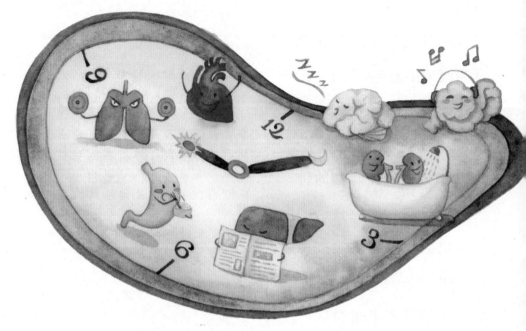

应他这样的生活规律而自行调整工作时间——早晨补觉，晚上加班加点。然而，高高在上的中央控制室是不管这些的——它们只听老天爷的话，按照光线的变化校正最权威的时钟。时间长了，饮食时间的改变会使得外周钟与中枢钟产生偏差。除了消化系统会加班加点地适应主人的进食规律之外，循环系统、内分泌系统等各个系统也会非常敬业、非常努力地适应主人的生活习惯。也就是说，除食物之外，温度、激素水平等因素都会使得外周钟重置。不再按规律运行的厂房也自然会出现许多问题，会出现"内部工作"的混乱与失调。

没有太阳，地球或许还是会围绕其他恒星转动，但是那

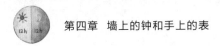

个时候的公转周期、轨迹、黄赤交角都会发生巨大的变化，想必整个地球也是一团糟了吧。

手表坏了会怎样？

许多疾病都是由基因的缺陷引起的，生物钟基因的缺陷也毫不意外地可以导致各种各样的疾病——这也暗示着生物钟，尤其是外周钟，与很多疾病的发生有关。也就是说，我们或许可以从生物钟入手，去寻找许多疾病的治疗方案。

Clock 突变的小鼠会患有肝脂肪变性、脂肪细胞肥大、高血脂、高血糖等典型的代谢疾病，并且会表现出睡眠总时长变短；*Bmal1* 敲除的小鼠在活跃期血压降低，从而血压的生物钟节律减弱，更容易患有动脉硬化；*Per1* 影响诸多与肾脏重吸收功能相关的蛋白质的表达；*Cry1/Cry2* 双敲除小鼠的血浆醛固酮水平显著上升，从而引起盐敏感性高血压……

▶ *Clock、Bmal1、Per1、Cry1/Cry2* 皆为基因名。

以熬夜为首的强行将自己的生活作息与自然界的昼夜交错开的行为，不仅会扰乱自己的生物钟，也会引起各种各样的问题。

正常情况下，白天在交感神经的主导下，血浆中的去甲肾上腺素和肾上腺素水平较高，因此血压会升高，尿中的儿茶酚胺浓度也会在起床数小时后升高。晚间血压

> 儿茶酚胺，即含有邻苯二酚（即儿茶酚）的胺类化合物，包括多巴胺、去甲肾上腺素和肾上腺素及它们的衍生物。儿茶酚胺类物质在体内调节基本生理功能，传递生理信号，是正常生理过程中重要的信号介质，同时在病理过程中也出现其含量的相应变化。

较低则主要是由于交感神经的支配作用减弱、迷走神经的作用增强，而心钠肽、一氧化氮浓度升高，因此，正常人的血压在夜间睡眠时会比白天下降10%以上。如果扰乱生物钟，一天中平均的收缩压和舒张压均会上升，在睡眠期间的血压上升尤其明显；并且迷走神经对心脏的调节会有所降低。另外，睡眠剥夺会引起炎症反应。健康的成人在短期或长期的睡眠剥夺之后，体内提示心脑血管疾病的C反应蛋白的水平都会有所提高。

科学家们还曾让大鼠"上夜班"，结果显示在正常的休息时间强迫活动，比在正常的活动时间强迫活动更易引起体重增加、肥胖症、葡萄糖不耐受。在夜间给予弱光光照，可以使体重增加，并且在给予高脂肪饮食的时候增加外周的炎症反应。

类似的例子还有很多，或是先天缺陷，或是自己忽视，

比中枢钟意志不坚定得多的外周钟一不小心就会出现各种各样的问题，日积月累就会导致严重的疾病。

相信现在，我们对体内这个庞大而又复杂的厂房里的时间控制系统有了一个初步的认识：视交叉上核作为生物钟的中枢统一着全身上下各个组织器官的生物节律，而外周组织的节律性与中枢的节律又是接受调控、相对独立、相互反馈的关系。生物钟基因的突变和强行扰乱作息规律，都会使得生物钟功能出现异常，从而导致各种各样的疾病。因此一方面，我们要健康、规律作息，时时刻刻按照"墙上的钟"去校正"手上的表"；另一方面，我们可以从生物钟的角度，去为各种疾病的治疗寻找新的方案。

第五章　一日三餐的时间学问

徐璎

说起吃饭，在西方有一句格言："像国王一样吃早餐，像王子一样吃午餐，像灰姑娘一样吃晚餐。"说的是该如何安排一日三餐的饮食结构。从格言的内容上看，应该是早餐 > 午餐 > 晚餐。那么，为什么会有这样的饮食安排呢？

像国王一样吃早餐

人体生物钟实际上是一个由主钟和外周钟组成的复合体，外周钟可以自行运转，但主钟控制着全身的外周钟，并且能够同步外周钟。以进食为例，人们的大脑主钟对光最为敏感，它在第一时间感受到晨光时就会重置大脑时钟，并告知它已经是早上了。不过这时，像肠道、肝脏、心脏和肾脏等的外周钟，它们能够对食物有所反应，却不能够对光做出直接的反应。所以，一般要等到第一口咖啡或第一口早饭吃进肚子之后，肠道、肝脏、心脏和肾脏等的外周钟，才会知晓这是早餐，并与主钟同步化进行新的一天的工作。因此，如果人们的早餐经常是有一餐无一餐的话，就会让体内的时钟变得困惑，最终影响到与主钟的同步化。

此外，从人体的饮食结构来说，早餐所提供的能量和营养在全天的能量摄取中占有重要的地位，因为人体的脑细胞是从葡萄糖这种营养素中获取能量的，一个晚上没有进食又不吃早餐，血液就不能保证足够的葡萄糖供应，时间长了就会使人变得疲倦乏力，甚至出现恶心、呕吐、头晕等症状。

有专家在对 1000 名 3—6 年级的小学生的考试成绩研究后指出：吃早餐的学生比不吃早餐的学生成绩好。而且早餐的分量和内容也和学习成绩有关。

由此而言，早餐的内容很重要，应满足每日营养需求的约 30%，其构成是包括简单碳水化合物和复合碳水化合物的食物，这些碳水化合物要能够被快速、轻松地消化，还必须包括蛋白质和脂肪，能为人体提供充足的能量。可以这么说，早餐所吃的食物的种类越多，人体内潜在营养素缺乏的风险就越低。于是，在西方的格言中才会有"像国王一样吃早餐"的说法。

为什么格言中说"像王子一样吃午餐"？人类的活动主要发生在白天，伴随着大量的体力与智力等能量的耗费，急需要有新能量的补给。与此同时，从人体的饮食结构来说，人们消化食物的最佳时间也是在白天。因此，午餐的特色就应该是量的充足，不仅要求提供每日营养需求的 50% 以上，还需要有更多的蛋白质和脂肪的补充。因此才有"像王子一样吃午餐"的说法。

为什么要"像灰姑娘一样吃晚餐"？在夜晚，伴随着人类活动的减少，人体内部所耗费的脂肪也在减少，而且，到了夜间，人体对碳水化合物的加工也变得困难起来。目前还不清楚是什么原因造成的，这有可能与夜间人体从肠道吸收和运输脂肪的工作效率降低有关，也有可能是与夜间人体的胰岛素敏感性降低有关。因此，对于经常在夜间工作（并因此吃饭）的人来说，这可能导致血液中糖和脂肪的浓度保持在高水平，并增加患糖尿病、心脏病和中风的风险。

　　由此而言，与白天相比，晚上人体对食物的需求量大幅降低，所以才会提倡"像灰姑娘一样吃晚餐"。

PER1 基因掌控吃饭时间

　　1910 年，瑞士医生兼博物学家奥古斯特·福雷尔在书里记录了这样的一件事，每当他吃完早餐，总有一群蜜蜂会在同一个时间点飞过来吃他留下的食物，日复一日，从不缺席。在经过一段时间的观察之后，他设计了一个实验，就是吃完早餐后，餐桌上不再摆放任何食物。尽管如此，蜜蜂还是会在那个时间点飞过来。于是，他得出了一个结论，蜜蜂有"记住时间的能力"。

　　福雷尔的蜜蜂有时间记忆能力的研究，激发了后来的科学家们的兴趣。1973 年诺贝尔获奖者英格堡·贝林与卡尔·冯·弗里希、尼古拉斯·廷伯根、康拉

德·洛伦兹等人，为了搞清楚蜜蜂的时间记忆的由来，设计了一个全封闭的实验环境，来进行与福雷尔相同的实验。他们将蜜蜂放在了一个地下 180 米深的矿井中，让蜜蜂与外面的环境完全隔离。这里有着恒温、恒光和恒定湿度的环境，也避免了宇宙射线的干扰。他们发现蜜蜂确实有着对 24 小时周期内的特异食品的识别与记忆能力。进一步的研究又发现，蜜蜂的这种行为实际上是受体内的生物钟驱动的。

有意义的是，动物的这种饮食时间的安排，并不都是发生在动物真正感到饿的时候。在自然界，对于动物来说，食物可不像是 24 小时的路边餐厅，随时都可以进去用餐，而是需要动物自己去觅捕食物的。特别是在食物匮乏，甚至是食物的有与无都无法确定的背景下，如果感到饿了再去开始启动吃饭模式去捕食，结果是可想而知的。

为了提高动物在自然环境中的存活能力，动物的机体内部通过生物钟预设了一个进食的模式，来对可预测的、规则的日常环境变化进行预测。因此，动物或者人类的进食行为，一方面是受到饥饿的调控，这是一种内稳态的平衡，而另外一方面是受到有预测功能的生物钟调控。这种调控不是简单地维持内环境的稳定，而是要预设那些变化了的外部环境，进而利用这架预设的生物钟做好预期的进食准备。而这种预设不仅包括吃饭的时间，同时也要包括随之而来的消化这些食物的代谢系统、存储系统的时间进程。

于是，新的问题产生了。人体生物钟是怎样进行这种预设的呢？科学家们的最新研究表明，作为最高级的哺乳类动物，人类有三个阶段的时钟基因，分别是 *Per1*、*Per2* 和 *Per3*，它们通过生物钟系统各自精准地控制着人体的不同功能。其中，吃饭可能更多取决于 *Per1*，睡眠则是 *Per2*。在正常情况下，*Per1* 和 *Per2* 保持协同作用，维持睡眠和饮食周期的均衡。但是，如果 *Per1* 或 *Per2* 的任一基因发生突变，都会打破这一环节，使得机体的各种生物钟不能保持一致。

通过遗传工程，科学家把 *Per1* 的突变基因转录到小鼠中，因为小鼠是夜行动物，通常都是晚上活动、晚上吃饭。但是，实验发现，这些小鼠的摄食行为也随之发生变化，往往等不到夜晚就开始进食，奇怪的是它们的活动还是发生在晚上。于是，人们知道了，原来生物钟就是通过 *Per1* 这一基因来控制吃饭时间的。

如果晚餐的时间早一点点

在生物钟研究领域，科学家们将人的活动休息周期与进食周期的不匹配称为昼夜节律错位，这种错位可能导致人们血液中的餐后糖和脂肪水平的异常，诱发糖尿病、肥胖症、高血糖等病症。

在日常生活中，人们常常会忘记进食生物钟的存在，并不将昼夜节律错位的后果放在心上。通常，人们给自己找出的典型借口包括："我起得太晚了""我真的不那么饿""马上要吃午饭了"，就把珍贵的早餐忽略了；"中午好像没怎么吃，晚饭就早一点儿吧"；"中午好像吃多了，晚饭就晚一点儿吧"等。这些都不是好的习惯。

从时间生物学的角度而言，每天进食的时间变更有可能会引起代谢时差反应。因为，人体内部到处都有生物钟的存在，包括肠道、肝脏、心脏和肾脏等外周钟，它们必须通过进食来与大脑中的主钟保持同步。

一项最新的研究已经发现，因为周一到周五是工作时间，上班族必须准时上班，并在上班前进食；而到了周六、周日，因为休息，一般都会赖床晚起，早餐也比上班时间吃得晚。对于这样的作息安排，人们都觉得理所当然。然而，人们不知道的是，从周一到周末这样不断改变的饮食计划，会打乱体内生物钟的同步化时序。因为，当在周末推迟两三个小时吃早餐后，外周钟就会相应地将原先预设的系统关闭，去适应新的时间状态。可当周一来临，人恢复到先前的时间表，外周钟就不得不随之再次回调。这样的周而复始，最终会让人体的生物钟系统严重失衡，产生出代谢时差！

所以，我们必须记住：无论是早那么一点儿吃饭还是晚那么一点儿吃饭，都不是正确的选项；让饮食的习惯与体内的昼夜节律保持一致，才是保持人体健康的重要选项。

除了习惯会引起人体内部生物钟发生错位外，基因自身的缺陷也可能会导致进食的行为时间像睡眠相位一样发生改变。就像 Per1 基因的突变，会让小鼠将本来在晚上进食的习惯改到白天，造成小鼠活动与进食的时间错位。结果，这些小鼠进行高脂饮食的时候，比没有突变的小鼠更容易变胖，而如果只限制突变小鼠晚上吃高脂饮食，就与没有 Per1 突变的小鼠长得一样了，说明 Per1 基因改变了吃饭时间。而不在正常时间吃饭，如果遭遇高脂饮食的话，就更容易使我们变胖。

同样，在人类中也有相应的基因突变致使饮食习惯与生物钟错位的病例出现，其在临床表现为"夜食症"。这些患者平素大都喜欢晚上进食，却不知在晚上人体肠道吸收和运输脂肪的工作效率会大幅降低，导致进食与消耗能量不同步，久而久之，体内的糖和脂肪水平就会出现异常，出现肥胖症状。

对于这种基因问题导致的饮食习惯与生物钟的不同步，可以通过改正饮食时间，或者缩短进食的窗口时间来加以调整。

最新的研究表明，一个人从醒来开始，到晚上入眠，一日三餐之外，间歇性的零食时间甚至高达 15 小时。出于个人健康的角度，科学家们首先建议大家最好将进食的窗口时间降到 12 小时以内，如果早餐从早上 8 点开始，晚餐必须在晚上 8 点之前予以结束。因为，身体的脂肪燃烧大都发生在最后一餐完成后的 6 至 8 小时，并在禁食 12 小时后几乎呈指数增长，由此而言，禁食 12 小时甚至更长的时间会有利于人体的健康。

其次，科学家们也建议人们尽可能地提前吃早餐的时间。原因是人体的胰岛素反应在清晨最好，深夜最差。而且，如果早餐吃得早，就预示着晚餐也有可能结束得早。这很重要，因为人体的褪黑激素水平在典型的睡眠时间之前 2 至 4 小时开始上升。在褪黑激素开始上升之前完成饮食，就可以避免褪黑激素对血糖的干扰作用，有利于人体的健康。

　　由此而言，如果能让早餐早那么一点儿，晚餐也能早那么一点儿，让自己的饮食习惯与生物钟始终保持同步，那就是对自己的身体最好的健康管理。

第六章 百灵鸟、猫头鹰与好的睡眠

徐璎

多少年来，人们晚上睡觉，早上起床。在早上，人一般会比较精神；到了下午，则会显示出较强的运动能力；至于晚上，会因睡意绵绵而不断打盹，最终进入睡眠状态。而且，人在睡眠中也不会像白天那样频繁地去上厕所。

　　事实上，所有这一切的行为都不是人们的习惯，而是受一只"无形"生物钟的支配。这架支配人们生活的生物钟是受地球自转、昼夜交替影响而演化出来的。

　　不过，对不同的人来说，这架生物钟的表现是不一样的。就是一家子，每个人的睡觉习惯也是不一样的，有的人会早睡，有的人想晚睡。刚刚出生的宝宝不分白天黑夜地吃奶和哭闹，爷爷奶奶一般会比爸爸妈妈起得早，可小朋友早上就是起不来，是不是小朋友的生物钟与爷爷奶奶的不一样？

　　在人们的生活中，会有太多的有意或无意的对抗生物钟支配的举动。就像我们在考试复习的时候会喝一杯茶或咖啡来延迟睡觉的时间，有的时候为了玩电子游戏甚至彻夜不眠。

当然，也有一些轮班工作的叔叔阿姨们会因为工作轮岗的原因而无法按时睡觉。而所有的这些行为，都是对受自然支配的这种生物钟的"反抗"。

而人类与其他生物之间的一个非常重要的区别，就是多少年来，人类一直在试图对生物钟进行调控以应对社会的发展。那么，时至如今，人们是否已经有办法来调控这架无形的生物钟了呢？还有，当人们在对抗这架无形的生物钟时，会不会因此而受到伤害呢？

在这里，作者将通过介绍一些最新的科研成果，解读人体生物钟的作用密码，描绘人体生物钟的架构机理，同时阐述科学家调控人体生物钟的最新手段。

人体生物节律时间表

一般说来，人体生物钟有"日时钟""月时钟""年时钟"等不同的类型。"日时钟"决定一天的节奏，如早上起床、晚上睡觉；"月时钟"则决定一个月的周期，如女性的月经；而"年时钟"决定年的周期，如植物的一岁一枯荣，我们可以明确地观察到春夏秋冬的变化，大部分动物也有一年四季不同的繁殖期与生长期，还有受季节变化的动物迁移，等等。

对于人类而言，当今科技的发展演化出太多的人工环境，使得人们对自然的季节变化不再那么敏感。如在空调的环境下，无论室外如何地炎热或寒冷，室内总会是四季如春。还有像农民的种植大棚，在大棚的条件下，无论棚外春夏秋冬季节如何变换，各种时节不同的瓜果蔬菜都能在大棚内得到生长。由此，人类的年时钟驱动便越发弱化了起来。

虽然如此，我们仍然可以发现人类的生活还是有形无形地受到年节律的影响。例如人类的出生率，也是在 3 月至 6 月份时最高，这是"年时钟"的影响。此外，一些人类的疾病，如花粉症、哮喘等，也有年节律的痕迹。这是因为很多的过敏原、致病菌受到植物或微生物的年节律的影响，于是，与这些相关的疾病也同样地显现出了年节律。还有人们的情绪，同样会随着一年四季气温的波动，表现出起起落落的节律变化。

此外，人类的生活还会受到"月时钟"的影响，特别是女性的经期，明显地表现为一月一期。还有人们的情绪，也常常会随着月盈月亏而上下起伏。

对于人类的生活而言，影响最大的是"日时钟"，也就是昼与夜的时钟节律。昼夜时钟决定了人们一天的节奏，每当太阳升起的时候，人们的身体就会从休眠状态苏醒过来，特别是在早上8点到10点，经过一整夜的养精蓄锐，大脑的状态会特别活跃，成为一天学习与工作的最佳时间。

通过人体激素水平的测试，科学家们发现人体激素经过早上8—10点的快速分泌，在11点左右达到最高峰。这时人的各种能力、注意力还有精力都应该是最佳状态。因此，在上午的8—11点，是比较适合做一些比较花费注意力与精力的工作。如果你是学生，可以把最难的数学题目留在这个时候段去做。此时，人的注意力高度集中，加上经过了充足的睡眠，相信能够事半功倍。

而到15点左右，经过午休和消化午饭带来的能量，身体活动机能的曲线开始上升，特别是肌肉组织非常活跃。这一

时间段是进行体育活动或体力工作的最佳时间，也是创造优秀运动成绩的最佳时机。

到了18点以后，经过一天的忙碌，人的思考能力有所下降，血压开始降低，脉搏也开始放缓。特别是在18点至20点，人体释放的多巴胺有所增加，这会让人感到愉悦，心情宽松。正因为人的心情愉悦，反过来又促进了多巴胺的释放。这一时间段应该是人们进行社交的好时机。

22点开始，就该准备睡觉了。这时要适时地将房间的灯光调暗，去调整各种激素特别是褪黑激素的分泌，这有助于人们的睡眠。如果到了23点还不能入睡，对于青少年来说，就有可能出现生长激素分泌的障碍，严重时还会影响个人的身高。还有一些疾病甚至会等到中年时才出现，如睡眠障碍、生殖能力减弱，等等。

至于凌晨，是人体最为脆弱的时候，也是事故多发和死亡高峰时期。因此，科学家们是绝不赞成熬夜到凌晨这种行为的。

人体会发生这种24小时的变化，就是因为人体内的这架生物钟诱导了很多基因的表达，并产生24小时的振荡。有意思的是这些基因非常精密地管理并引导着人们机体的各种生理和行为，从而形成人体在生理与行为上的各种峰谷。如果人们想要提高自己的学习与工作的效率，那就需要根据人

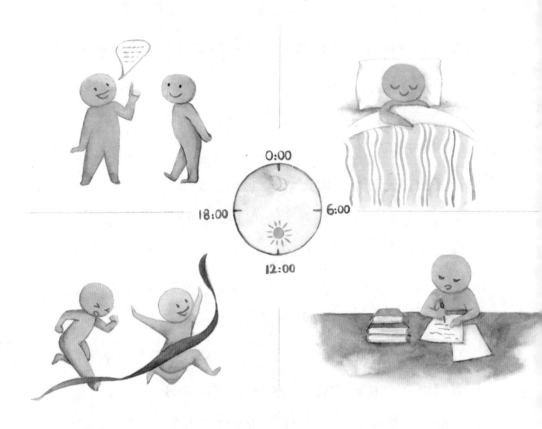

体生物钟的节奏与峰谷的变化，选择在峰或谷的时候做一些
相应的工作。

人体时型

时型是内在的昼夜时钟的一种行为表现，目前主要作为在特定时间的睡眠倾向及特定时间内的精神状态的判断标准。个体的时型受内在基因及外在环境影响，是生物钟的基因与环境之间相互作用后的个体行为的表现形式。

时型会随着年龄的增长发生改变。如前面所说的刚出生的孩子，他们的时型就没有规律，基本上是饿了就吃、困了就睡，大约要长到 6 个星期之后，才会出现一些比较弱的节律，而在 4 个月后就会出现比较规则的昼夜节律，这个时候开始有了时型。孩子在上幼儿园的时候，可能还是一个能早起的人。但是到了青春期，大部分人都喜欢睡懒觉。

相比之下，孩子们的父母的作息一般都比较恒定，即所谓的朝六晚十，早上 6 点起床，晚上 10 点睡觉，这可能是受工作的牵累。不过，家里的奶奶爷爷们，一般却是家中起得最早的人，这就是在人体发育过程中的时型变化。

即便年龄相同，每个人的特点和时型也都不尽相同。有些人像百灵鸟一样，在早晨精神抖擞，而有的人则像猫头鹰

一样，在晚上变得非常活跃 。研究表明人群中这种时型也呈现正态分布，大约有 10% 的人属于百灵鸟，10% 的人属于猫头鹰，大部分人属于中间状态。令人遗憾的是，现在的科学还没有办法去说明人的时型为什么会有这些变化，而这样的变化又有什么样的优势。

美国犹他州有一户奇怪的家庭，全家三代人中有五名成员的睡眠规律与其他人有着很大的不同，他们总是在 17 点至 18 点的时候，自动进入睡眠状态。但是，一到凌晨 2 点至 3 点，也无论其本人是否愿意，都会自然而然地醒来。这着实是一件奇怪又滑稽的事情。凌晨 3 点，正是夜深人静、万籁俱寂的时候，可这早已起身的五个人，只能整理房间、准备早餐，或在屋里读书、在院子里练健身操，还有人感觉太过无聊，干脆到马路上转悠。这样的生活状态，让他们万般苦恼甚至沮丧。因为，亲友们觉得他们举动怪异而与他们渐行疏远了，邻居们看到他们打招呼，也都会忙不迭地躲开。

事实上，他们所有的这些怪异的举动，都是因为患有一种名叫遗传性睡眠提前综合征（ASPS）的疾病。科学家们通过遗传筛选，从这些患者的身上找到了时钟蛋白 *Per2* 的一个特定位点，一旦这个 *Per2* 的位点出现突变，就会导致人体生物钟变快。于是，患者们就成为早起早睡的"百灵鸟"。研究人员进一步描绘出了 ASPS 的家族发生率，发现这种病症遵循着一个特定的遗传模式，表明它是受基因的影响而导致的。此外，ASPS 要等到孩子独立生活的时候才发作，这表明这种障碍并不完全是从父母那里学习而来的。

随后，科学家们又发现了被称为猫头鹰型的睡眠相位延迟综合征(DSPD)，这一病症的患者也就是人们常说的熬夜者。在通常人们开始犯困睡觉的时候，这些熬夜者一个个精神抖擞，而当人们早晨起床时，他们却一个个赖在床上迟迟不醒。这一类人的数量很大，大约在每十人中就会有一人出现这种症状，状态严重者甚至会赖床直到下午 1 点。

研究发现，这些熬夜者体内的生物钟比普通人的"晚上

睡觉，早上起床"模式的时间点迟很多。之所以如此，是因为他们体内的一种名为 *Cry1* 的基因发生了突变。*Cry1* 基因掌管着人体生物钟，是调节其他基因的开关。*Cry1* 基因的突变导致了其他与生物钟有关的基因关闭时间延后，使这些人自身无法被正常的昼夜光线所牵引，也不能与自然环境下的天文钟同步。于是，就出现了人们睡觉他们活跃，而人们起床他们沉睡的现象。研究还发现，熬夜者父母的时型有可能会遗传给孩子，但随着孩子年龄增加，症状有可能会得到改善。

上述的这些研究表明，不同时型的发生有很多是由基因上的区别造成的。研究的结果使得人们对调节睡眠的基因的作用越发关注起来，更为重要的是，这些研究揭示了有些人有与众不同的睡眠习惯的机理。

好的睡眠

人的一生约有三分之一的时间是在睡眠中度过的。

在生活中，人们经常会有这样的体验：哪怕是少了一丁点儿的睡眠时间，都会影响到第二天的学习与工作的状态。这是因为睡眠有助于记忆巩固和情绪处理，如果没有适当的睡眠，就很难形成记忆。不仅如此，科学研究还显示，如果长期睡眠不足，就会带来神经系统的调节紊乱，并且降低胰岛素的敏感性，增加了心脏病、高血压、糖尿病、中风等一些慢性疾病的患病风险。而且，长期睡眠不足还会减少大脑分泌能抑制食欲的瘦素，造成饥饿激素的水平提高，是诱发肥胖的重要因素。此外，长期睡眠不足还会促使身体过量释放皮质醇，导致皮肤出现异常，加速皮肤老化等。由此而言，好的睡眠能够带来身体的健康，因此，人们应该随时关注自己的睡眠状况。

人的正常睡眠是由两种睡眠状态交替进行的，一种是正相睡眠（深度睡眠），一种是异相睡眠。所谓异相睡眠，又称快速眼动睡眠，是与正相睡眠相对而言的，是指人处于半

23:00~07:00

03:00

睡眠状态，而未能完全进入深度睡眠。从科学的角度来说，好的睡眠就是正相睡眠和异相睡眠所占的比例适宜。

在地球上，人体生物钟的周期是 24 小时左右，与地球自转时间相同。不过，具体到每一个人，不会像原子钟那样精准至 24 小时整，而是根据个人情况重新设定时间。这种设定会受到外界的影响。一般来说，成年人的睡眠时间应该在 6 至 9 个小时，比如晚上 10 至 11 点睡觉，早上 6 至 7 点起床。而中小学生的睡眠时间应该为 9 至 10 个小时，最好在晚上 8:30 之前睡觉，这样就可以有一个较为稳定的睡眠时间。

如何保持一个好的睡眠状态？最新的科学研究发现，在人的生物钟的调控过程中，光、食物与环境温度等的作用是不可或缺的。

对于人类社会来说，白炽灯泡的发明曾被视为重要的历史里程碑。它从多层面推动了人类社会的发展，包括延长工作时间，创造出更安全的环境和更多的娱乐生活环境。如今，随着城市街道的黑暗消退，"日出而作，日入而息"的人类生活方式也被彻底打破。然而，照明产品的普及，以及在夜间使用手机、电脑等发光产品，严重影响了人体的生物钟。因为夜晚本该是褪黑素分泌，促进人体睡眠的时候，结果受灯光的无限牵引，影响了人体生物钟的同步化，时间一长，睡眠会越来越差，人体代谢也会出现紊乱。

研究表明，在哺乳动物的大脑中有一个节律起搏器，它位于下丘脑视交叉上核（SCN）。SCN细胞会在白天根据视网膜的光线信号进行重置，也会在夜间根据松果体分泌褪黑素的情况进行重置。在正常情况下，光线通过视网膜进入人体的大脑，通过神经的传递大脑会释放褪黑素，通过褪黑素的信号传递，人体大脑内部的时钟就与外部的昼夜节律联系起来，令身体各部分结构或器官产生一个共同的日夜周期节律。

虽然科学家们对于SCN在睡眠过程中的直接调控作用还有所争议。但是，对于"人体生物钟受制于环境钟""人体生物钟与环境钟一致的重要条件是日光的存在""不同的光对于入睡、觉醒有十分重要的调节作用"等方面的认识还是

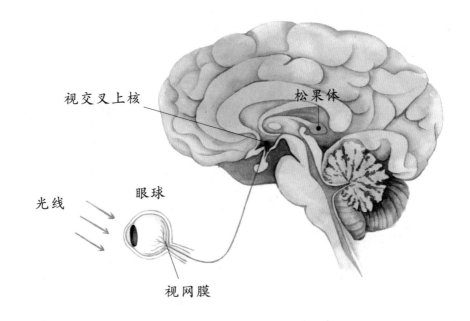

视交叉上核　　　　　松果体

光线　　眼球

视网膜

一致的。可以说，光就像一个引子，在人体生物节律的产生及维持中扮演着重要角色。

　　在这样的背景下，为了保证人体有更好的睡眠，能更好地与环境钟保持同步，人们也可以通过光对生物钟的牵引来加以调控。比如，面对人们跨时区飞行后的时差错乱，就可以适当地通过光的牵引设定来让人体生物钟同步到当地的时间。比如，不同时型的最佳表现时间各不相同，百灵鸟型可能在早上考试比下午考试的成绩好，猫头鹰型则相反，那么，是否可以通过光照，特别是早晨和黄昏的光线变化的牵引，来改善考生的生物钟状态呢？当然还有睡眠，在睡不着又不得不睡的情况下，采用关闭包括智能手机、笔记本电脑等电子产品的屏幕，依次采用黄、蓝等弱光牵引，来调节自身的生理节律，改变睡眠状态，等等。

此外，还有食物的供给。科学研究的成果表明，人体的内脏感觉系统和进食调控系统都能对上行激活系统造成影响。一旦进食，内脏感觉系统就会输入相应的信号，诸如胃扩张信号等，这类信号会借助孤束核（NTS）进行中转。而这类被中转的信号同时会起到促进睡眠的作用。反过来，如果人体

> 孤束核是延髓灰质内的一组柱状神经核，接收来自内脏的感觉神经纤维和味觉神经纤维的信号，后将信息输出到脑中的不同区域，参与神经调控环路及很多反射调控。

内部发出了缺乏食物的信号，那么，也会相应地产生促使清醒的作用。

因为人的睡眠模式和睡眠的昼夜节律是随外部条件（比如光、食物和环境温度等）的改变而改变的，所以，保持一个好的睡眠习惯，或者有规律地吃饭，都会对人体的生物钟起一个重新设定的作用。因为生物钟能够控制人体20%以上的基因表达，所以，有一个规律的生物钟存在，就会让你变得更加健康。

必须指出的是，在目前的生物钟研究领域，科学家还不能够完全地解释睡眠的机理，并有太多的疑问存在，诸如：人体中究竟有多少种生物钟基因在工作？它们之间如何分

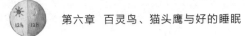

工又如何协作？中枢主钟的细胞是如何相互作用的？中枢主钟又是如何调节外周钟的？生物钟与代谢、代谢疾病间的关系与机理是什么？……由此而言，生物钟与睡眠的关联研究可谓任重而道远。

第七章　输掉的球赛和昏昏欲睡的旅途

虞子青　张二荃

经过漫长的飞行，克劳克先生终于从纽约到达了莫斯科。尽管客舱还算豪华，座椅足够舒适，但飞机上不明不暗的光线和嘈杂的声音还是让他有些疲惫。下午两点起飞的飞机，飞行九小时，向东跨越了八个小时，本应该下了飞机就是睡觉的点儿，莫斯科的天上却挂着明晃晃的太阳。克劳克先生晕乎乎地坐上了开往旅馆的的士，准备先去旅馆休息一下，再去现场看当天晚上的球赛。

又经过几个小时的颠簸，克劳克先生终于入住酒店了。简单啃了个面包，洗了个澡，拉上窗帘，躺在沙发上，打开电视。电视上在重播昨天的世界杯，克劳克先生一直以来很看好的球队输了球。电视里在欢呼、呐喊，一如既往地嘈杂。

倒时差与发挥失常的球队

阳光无法透过厚重的窗帘，只能在窗外叫嚣。眼皮越来越沉。电视的影像越来越模糊。一台电视，两台电视，三台

电视……眼前的墙上似乎挂满了电视。电视机开始播放棒球比赛。电视墙里走出了一个戴着眼镜的光头男子。

　　"是时差在作怪啊。"他对着只躺了一个人的沙发自言自语，"虽然我更喜欢的是棒球比赛，但是道理也大同小异嘛。二十年来，四万多场比赛，也终究没逃过生物钟的规律。在整个MLB（美国职业棒球大联盟）二十年来的比赛里，包括主场和客场，有四千多支队伍在赛前存在倒时差的问题。当人们进行东西方向跨时区的长途旅行的时候，就会产生时差。"

　　"因为人的生物钟大约是 24 小时的周期，而跨时区的旅行，就让这个昼夜的交替时间瞬间变长或者变短了？"克劳克先生从沙发上坐起来，揉了揉眼睛。

　　"大概就是这个样子。我相信你已经知道，生物体内都存在着内在的节律。它们本质上是由基因的节律性表达来决定的。一般来讲，人类可以以每天调整一小时的速度来适应新的节律。由于人类内在的生物节律周期略长于 24 小时，所以我们一般认为从东向西飞行，也就是向日出日落更晚的地方飞行，是更加容易适应的。然而，在某些赛事中，似乎从东向西飞行给运动员们带来的影响会更大一些。"男子皱起了眉头，"但是这是因为他们经历的白天更长，所以会更加疲惫，才会影响球赛的发挥，和倒时差没有什么关系吧。不过，我们的确从这些比赛中看到了一些有趣的事情。不管是主场还是客场，倒时差都会严重影响运动员们在本垒打上面的发挥啊！"

　　克劳克先生摇了摇头："可是……到底为什么会产生时差呢？白天变长或者晚上变长又能怎样？我……好晕……好困啊……怎么样……才能好一点儿啊……"

　　戴眼镜的男子掏出一根绳子，在半空中一甩，绳子就以正弦曲线的形状在半空中飘浮着，波动着。"假如这就是我们的生物节律。"他在波动着的绳子上的某个点戳了一下，

这个点马上凹了下去，然后绳子从这个节点开始以新的规律波动。"虽然内在的节律在，但是它并不是那么精确和顽固。它可以被诱导。嗯，是的，诱导。靠什么来诱导呢？光线通过视杆细胞、视锥细胞、视网膜上的光受体，经过视神经，传递到视交叉上核。我想现在的你对于视交叉上核这个名词应该并不陌生了吧？这是产生节律的中枢，可以向身体的其他组织器官传递信息，来同步全身的生物节律。这个时候，如果光照的输入节律变了，那么视交叉上核发出的信息自然会改变，从而正在工作的各个组织器官就要停下手头的工作，转而去做新的时间节点应该做的事……这个适应的过程需要一定的时间，这就是我们倒时差的过程。当然，除了光照之外，在一个新的时区，环境温度、进食、活动等因素也会发生迅速的改变……这个时候，人还没有适应新的规律，当然会在心理、生理、神经活动等方面抗拒，但必须慢慢适应这种变化……"男子顿了顿，"哦，对了，褪黑素，这是一种从你大脑的松果体里分泌出来的挺重要的物质。它的分泌增多预示着夜晚的到来……"

与其受罪，不如归零

一个少女不知道什么时候出现在了房间里。少女把手伸进了克劳克先生的脑袋，竟然毫无感觉地穿了进去，咔嗒一声，少女仿佛把他脑袋里旋转着的时钟齿轮重置了一样。"真是啰唆。"少女冰冷的声音里透着一丝不耐烦。

男子停下自己的讲解，摆了摆手，屏幕便和他一起消失在了电视墙后面。"直接这样不就好了吗？从根上，从生物钟基因的表达上，直接重置，就像按下了一个按钮，变化只需要在一瞬间。用外源性褪黑素和光刺激来倒时差或者治疗由于睡眠障碍、上夜班这种昼夜颠倒的事情引起的不适感看起来的确是目前很流行的做法，但是科学家们还在寻找能迅速从基因表达层面上调节生物钟的新方法。实际上，现在有许多研究发现了一些内源性和外源性的可以重置生物钟的小分子化合物。"

"想要理解这些小分子是怎么重置生物钟的，就必须先明白刚才那个男人手里的绳子到底是怎么回事。生物节律，也包括节律基因的表达，都遵循正弦曲线的变化规律——某些基因的表达在白天上升，达到最高峰，而又接着下降，在晚上到达谷底；另外一些基因则与之相反——总之它们都在以 24 小时左右的时间为周期，进行有规律的循环。我们通常用周期、振幅、相位三个参数来描述一个正弦曲线，所以我们也可以从这三方面来看我们的生物钟。所谓'倒时差'，这么看也就是生物节律的相位移动。把所有细胞的相位直接拉到一个点上，拉到与当前时间对应的这个时间点，时差就倒过来了。一般自然而然地倒时差，就是从之前的相位缓慢移动到新的时间对应的相位；而我们想要追求的，是通过小分子的作用，让这个过程快一些，在不知不觉中发生，这样就可以减轻倒时差带来的不便和不适。"

"2000 年，人们发现糖皮质激素地塞米松可以将外周组织的生物节律重置到同一个时间点，但是它不能影响视交叉上核的节律基因表达。"

在 1998 年，有一篇文献报道血清可以诱导培养大鼠成纤维细胞的生物节律，因此科学家猜想血液中存在一种或几种可以影响外周组织节律基因表达的因子。糖皮质激素是一种分泌有节律的激素，并且其受体广泛分布于大多数类型的外周组织细胞，自然吸引了研究者的眼球。他们用地塞米松处理成纤维细胞，发现可以立刻激活 $Per1$ 的表达。在处理 44 小时后，他们发现地塞米松诱导了 $Per1$、$Per2$、$Per3$、$Cry1$ 等节律基因以及 $Rev\text{-}erb\alpha$ 和 Dbp 等钟控基因的表达。接着，他们在小鼠上进行了体内实验，并证明了地塞米松的注射可以在体内迅速诱导 $Per1$ 基因的表达。在一个周期内不同的时间点（波峰或波谷或中间任意某点）注射诱导节律基因表达的药物通常会产生不一样的效应，在这个实验中，在 $Per1$ 基因高表达的时间点注射会导致其维持峰值的时间延长，在波峰过后注射则会导致另一个新的峰值的出现。

"这是一个非常令人激动的发现，因为我们找到了可以重置生物钟的小分子。然而，这是不够的。因为小鼠和大鼠的视交叉上核都没有糖皮质激素受体，所以说到底，地塞米松还是无法影响核心生物钟。"

"这些关于外周组织的生物钟重置实验给了人们极大的启发。聪明的人类知道，一定还存在着某些小分子，可以与生物钟相关蛋白结合，以一种可逆的、剂量依赖性的和时间可控的方式去影响生物节律。因此人们想出了巧妙的办法让细胞有节律地发出荧光，通过检测荧光信号的变化就可以得知节律的变化。用数以万计的化合物库在细胞上进行筛选，从中挑出对节律的周期、振幅或者相位有影响的化合物，就可以作为最终我们要寻找的倒时差的药物的候选者了。"

"这些化合物都或多或少地影响着细胞内的信号通路，从而通过转录－翻译水平上的反馈调节，影响节律基因的表达。它们或许可以和某些信号分子，甚至是一个大的蛋白质复合体的特定区域结合；被结合的区域结构发生改变，原有的功能也发生改变，但是与此同时，不与这个小分子作用的部分就不会受到影响。因为这样的小分子化合物的作用是直接改变身体各个细胞的基因表达节律的，所以要比仅仅用光线来作为诱导，每天一小时地适应新的节律要快很多。"

"我们刚才说到，倒时差其实就是一个生物钟相位移动的问题，因此我们要先去寻找可以使相位发生移动的小分子。但是生命总是这么复杂——你不能只盯着影响相位的分子看。想想看，当你的节律很强的时候，它自然是很难被改变的，但当它的振幅下降，节律变弱的时候呢？这个时候，白天还是黑夜对你来说就没有那么重要了，因此在这个时候移动生物钟的相位，是相对容易的。所以说，影响生物节律振幅的小分子，也要在我们考虑的范围之内。至于周期……在短时间内周期的改变，其实和相位移动产生的效果是差不多的，对不对？"

少女在房间里转了个圈，闪着金光的小分子从天而降，克劳克先生脑子里的时钟开始以新的节奏嘀嘀嗒嗒地转动。"这么多小分子里，到底哪一个才能拨动生命核心的齿轮？"她留下了一个问题，慢慢消失在一片光芒中。

风吹起窗帘，阳光倾泻而下。克劳克先生眼前的世界逐渐明亮和清晰了起来。他揉了揉眼睛，看了看手机屏幕上显示的时间……是莫斯科时间第二天的清晨了呢。是的的确确在新的时区、应该醒来的时刻醒来了。面前的电视机依然在喋喋不休。他坐在床上揉着自己的太阳穴，整理着昨天经历的一切……坐飞机，看重播，睡着，对球赛的研究，瞬间校正时间齿轮的少女……是梦吗？……褪黑素什么的，药物什么的，倒时差什么的，生物钟什么的……都是什么来着……

不，到底哪里不对了？……啊！昨晚的球赛！就这样被自己
昏昏沉沉睡了过去！

第八章 傻傻分不清楚

张勇

经过前面几位叔叔阿姨的耐心讲解，相信多数小朋友对生物钟已经有了很深的认识了。如果你认真地读完了这本书，那么恭喜你，你已经是生物钟方面的小小"专家"了，而不再像周围很多人一样对"墙上的时钟"和"身体里的生物钟"傻傻分不清楚了。然而对于研究生物钟的科学家叔叔阿姨们来讲，了解了"身体里的生物钟"是怎么工作的，只是他们的一个小目标；而认识生物钟，并利用生物钟才是科学家们的诗和远方。讲到这里，就不得不再多花点时间跟小朋友们聊聊生物钟存在的科学性和生物钟研究的未来性。

"存在即真理"：生物钟研究的科学性

　　首先，不用我多讲，既然诺贝尔奖都落入过生物钟研究领域，说明生物钟的存在是有它严谨的科学性的。地球上的生物千姿百态，各种生物争奇斗艳，但万变不离其宗，随着地球的自转，大家几乎都拥有生物钟，而这种殊途同归的生物钟的出现，也必然有其存在的科学价值。而生物钟存在的一个重要意义就体现在它能够使生物们更好地适应地球上昼夜交替的环境。为了研究生物钟跟环境的适应关系，科学家们做了很多著名的实验。我们都知道，如果想证明一个东西的重要性，最简单直观的方式就是把它破坏（或拿走），然后观察它对物体整体运行的影响。科学家们为了研究生物钟对动物适应环境（生存）的重要性，也借用了类似的方法。这次他们用的是可爱的花栗鼠。为了破坏花栗鼠的生物钟，科学家们给它们做了个小小的手术，将花栗鼠大脑里分管生物钟的视交叉上核破坏（手术切除视交叉上核），然后将这些没有生物钟的花栗鼠们释放到美国东部的山里，与普通的花栗鼠一起生活。过了一

段时间，科学家们惊奇地发现，在释放后的头 80 天内，多数没有生物钟的花栗鼠都被黄鼠狼抓走吃掉了，而正常的花栗鼠很少被捕食。我们知道黄鼠狼一般都是晚上出来活动，而花栗鼠一般都是白天出现，但是这里因为没有生物钟的调控，花栗鼠的活动节律乱套了，很多变成晚上出来，于是这些可怜的花栗鼠就变成了可恶的黄鼠狼的"盘中餐"了。这里大家可以看到生物钟对花栗鼠的生存非常重要。

科学家们还利用了单细胞生物蓝藻来进行实验，研究生物钟对生物适应的重要性。科学家先把蓝藻里的生物钟破坏（通过基因改造的方法），然后把它们跟正常的有生物钟的蓝藻放一起"决斗"，用 12 小时光照和 12 小时黑暗来模拟地球上的光照条件。科学家们发现，具有生物钟的蓝藻会轻而易举地把没有生物钟的蓝藻打败，进而占领其生存空间。而当把节律性的光照换成 24 小时的不间断光照，也就是恒定环境时，两种蓝藻打成平手。这也就是说，几十亿年前生物钟的出现使蓝藻们更容易适应地球环境的昼夜变化。以上这个实验只是简单地证明生物钟存在的科学性，科学家们又进一步设计了一种更精确而有意思的实验。通过改造生物钟基因，有些蓝藻的生物钟变快（比如它们存在 22 小时的生物钟，即"快钟"），有些则变慢（生物钟变成了 30 小时，即"慢钟"）。有意思的是，当把环境变化改

成每 22 小时左右循环时，带有快钟的蓝藻们适应得更好，而换成 30 小时的环境变化时，带有慢钟的蓝藻则过得更舒适。这个实验告诉我们现在地球上蓝藻具有 24 小时的生物钟也并不是偶然现象。可以想象，如果不久的将来我们发现地球的近邻土星上存在生命，其中也有蓝藻的话，那它多

半已经进化出接近 11 个小时的生物钟了（土星的自转周期是 11 个小时）。

关于生物钟存在的科学性，我再给大家举一个例子。我们知道昆虫的繁殖行为如交配和产卵都由生物钟来控制的，而近亲交配对于种群稳定和个体健康都是非常不利的。自然界有两种亲缘关系很近的果蝇（可以称得上是近亲），在野外，它们都有各自的生物钟，但它们的每天活动高峰又有所区别，这样既能保证它们每天能享用自己的时段，自得其乐，又能使得它们不至于跟自己近亲交朋友，从而保持了物种的稳定性。当我们了解了生物钟的 24 小时节律的运行机理后，再回过头来看生物钟存在的意义，相信会有不一样的理解。

"天生我材必有用"：生物钟研究的未来性

生物钟作为一个重要的科学研究领域，除了能帮助我们了解生命的本质和人类自身，还能在未来指导我们的生活实践，提高人类健康水准，这也就是生物钟研究的未来性。我在这里给大家举三个简单的例子。我们知道人体生物钟对光照强度非常敏感，光照可以牵引生物钟，这其中主要是因为日光光谱中的蓝光部分能够被眼睛里的一类特异性的光受体所感知，从而重置人体生物钟。而随着科技的进步，现代社会形形色色的电子产品走进千家万户，很多小朋友们晚上睡觉前总是缠着爸爸妈妈，想多看会儿卡通片，或者在平板电脑上再多玩会儿游戏，殊不知这是对我们生物节律的极大干扰。

美国哈佛大学的科学家们研究发现，夜晚电子产品屏幕上所散发出的蓝光能显著影响人们的生物节律和睡眠，并可能对我们的健康造成潜在的伤害。所以小朋友们睡觉前能不看屏幕还是尽量不看，如果实在忍不住，可以将屏幕调到夜间模式（减少里面的蓝光），这样能尽可能减少对生物节律的影响。不久的将来，通过研究，科研人员也可以针对人类

生物节律的特点，在不影响可见度和舒适度的情况下，设计出适合夜间使用的台灯或电子产品屏幕。

此外，夜晚的灯光污染也会对生物节律产生影响。随着工业化的发展，现在夜晚的地球已经不再是那个黑咕隆咚的地球，取而代之的是各种如白昼般的"不夜城"，即使在很多郊区，灯火通明的工厂和明亮的路灯也使得夜晚不再黑暗，造成所谓的"光污染"。据统计，到 2020 年，地球上有超过 80% 的人口生活在超过"光污染"指标的地方。越来越多的研究表明，光污染能够造成动物生物钟和活动节律紊乱、激素分泌异常、环境适应能力减弱等诸多问题。通过研究光对生物钟的影响，尤其是不同光谱对生物钟的影响，将来科学家们有望发现并改造一定的光谱组合，从而在不影响人们生活水准的情况下，减少夜晚灯光对动物的健康伤害，使得动物们能够容易适应灯光，人与自然更加和谐相处。

　　最后一个例子是关于人类自身健康的。我们知道生物钟调控人体大多数生理活动，包括睡眠节律、激素分泌等方面，生物钟调控的一大类基因便是跟代谢和免疫应答相关的。如果说人体内很多分子是抵御疾病的士兵的话，那么生物钟的一个功能便是在敌人大量出现时，负责按时将这些士兵叫起来去"杀敌"。由此也引出了现在生物钟研究的一个热点领域——时间疗法。比如，研究发现用一种名为"柳氮磺胺吡啶"的药物抑制体内的"胱氨酸转运蛋白"，能够起到抑制癌细 胞的作用，而体内的这种胱氨酸转运蛋白的表达受生物钟的调控。我们如果在胱氨酸转运蛋白表达量开始上升的时候给病人服药，便能更好地起到抑制癌症的效果。掌握了人体生物钟调控不同"免疫士兵杀敌"的时间规律，人们将来在治病时就不仅可以"对症下药"，还可以"对时下药"。在正确的时间服药或进行治疗，能起到事半功倍的效果，不但具有更好的疗效，同时也能降低药物的副作用，让人体更健康。

　　正所谓"存在即合理"，生物钟伴随着地球上生物的繁衍进化已经存在了几十亿年的时间，生物钟的存在帮助我们更好地适应了日夜变换的地球环境。认识生物钟的规律和本

质，对于我们未来了解自然、适应环境、保持健康都有着非
常重要的意义。